ESSAI
SUR
LA MANIERE
DE
FAIRE LES CARTES,

PAR

M. LE FEBVRE,

Major au Corps des Ingénieurs de Prusse, Membre ordinaire de l'Académie Royale des Sciences & Belles-Lettres de Berlin.

A BRESLAU,

Chez JEAN ERNEST MEYER, 1774.

SOMMAIRE.

Des Cartes générales. Des Cartes particulieres. Cet Essai n'a pour objet que les Cartes générales. Des Cartes anciennes. Projet de lever la Carte du Canada. Premiers pas des Observateurs arrivés à Quebec. Des signaux. Premieres stations des Observateurs. D'une base propre à déterminer la grandeur des triangles. Des signaux pendant la nuit. Triangles rapportés ensemble pour en faire une suite. Maniere d'écrire l'ouverture des angles dans le Journal. Les Observateurs changent de stations. Maniere de se servir de la base par rapport à la suite des triangles. Preuves des opérations par la propriété des figures. Des obstacles qui peuvent se présenter. On rencontre des points de la vieille Carte dans les Terres du Continent. Maniere de trouver le Méridien avec la Boussole, peu sûre. Par l'ombre du Soleil, qui n'est gueres plus sûre que la précédente. Par le moyen de la Planchette mouvante sur un pied. Maniere de fixer le méridien par rapport aux triangles marqués dans les plans.

Des

Des longitudes. De l'Equateur. Des latitudes. Division d'un arc du méridien pour marquer les latitudes. Manieres de connoitre les longitudes. Par les Satellites de Jupiter. Par des Eclipses de Lune. Par des horloges uniformes. Par des Eclipses d'Etoiles fixes. Maniere de trouver les latitudes, & particulierement celle de Quebec. Avec le Gnomon pendant le solstice d'Eté. Avec le Gnomon pendant l'Equinoxe. Avec le Gnomon hors du tems des Solstices & de l'Equinoxe. Qu'il vaut mieux chercher les hauteurs du Soleil avec de bons Instrumens. Par l'Etoile Polaire. Par une des Etoiles circompolaires. Maniere de marquer les latitudes & les longitudes dans les Cartes. Distances exprimées en milles d'Allemagne & en lieuës de France. Quelques considérations par rapport aux lignes dans une Carte. Il n'est pas nécessaire d'avoir égard à la courbure des lignes dans des Cartes qui n'excedent pas cinq degrés. Raisons des différentes suites de triangles dans les plans. Maniere de faire la seconde suite de triangles. On entre dans les détails à mesure qu'on avance dans la suite des triangles. Je reviens encore une fois à la méridienne. Objet de cet Ouvrage.

ESSAI

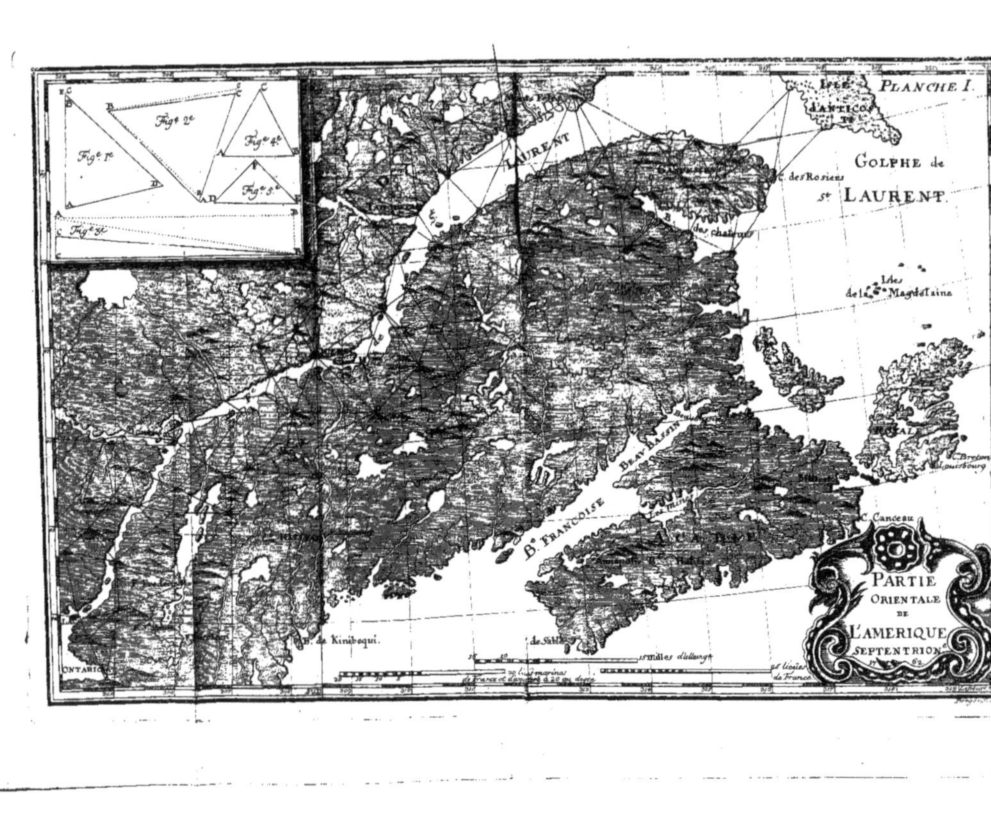
PLANCHE I.
ISLE d'ANTICOSTI
GOLPHE de St LAURENT
LAURENT
C. des Rosiers
Isles de la Magdelaine
C. Breton
Louisbourg
C. Canceau
Bt FRANCOISE
BEAU BASSIN
B. de Kinibequi.
ONTARIO
15 milles d'alleinge
20 lieues de France
PARTIE ORIENTALE DE L'AMERIQUE SEPTENTRION.
Fig. 1e
Fig. 2e
Fig. 3e
Fig. 4e
Fig. 5e

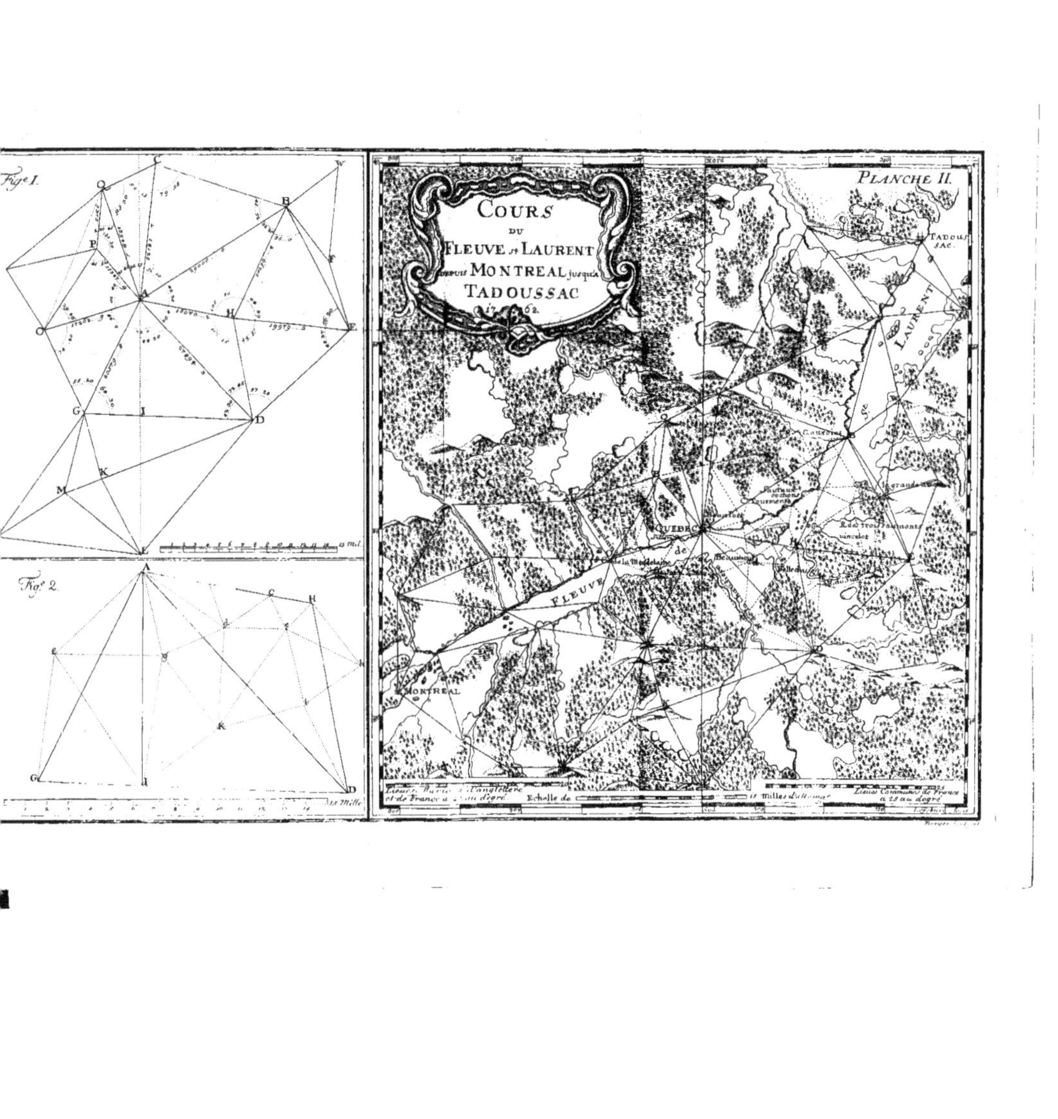
Fig.e I.
Fig.e 2.
PLANCHE II.
COURS
DU
FLEUVE St LAURENT
DEPUIS MONTREAL jusqu'à
TADOUSSAC
1762.
TADOUS SAC
LAURENT
QUEBEC
FLEUVE
MONTREAL
Echelle de

ESSAI
ſur la maniere de faire les Cartes.

La Carte la plus générale que nous ayons eſt celle du Globe terreſtre, qui varie ſelon les différens ſens dans lesquels la Terre & les Mers y ſont repréſentées. *Des Cartes générales.*

Les Cartes de l'Europe, de l'Aſie, de l'Afrique, & de l'Amérique, tiennent le ſecond rang; on met au troiſieme rang celles des Empires & des grands Royaumes, comme de l'Allemagne, de la Ruſſie, de la Turquie, de la France, de l'Eſpagne, de l'Angleterre, de la Pologne, &c. que je regarde toutes comme générales, en ce qu'elles ne montrent guères que l'étenduë des Etats qui en ſont l'objet, leurs ſituations reſpectives par rapport au Globe, les lieux les plus connus de notre Terre, les Villes & les Rivieres les plus conſidérables.

Des Cartes particulieres.

Les Cartes de grandes Provinces, telles que celles de Boheme, de Prusse, ([a]) de la Flandre, de la Saxe, de l'Italie, de la Silésie, de la Moravie &c. peuvent déjà être regardées comme particulieres, au moins pour la plûpart.

Viennent ensuite les Cartes spécielles de certaines Contrées, des appartenances d'une grande Ville, d'une Principauté, ou de quelques Seigneuries. Ces sortes de Cartes, si l'on en avoit une bonne Collection, seroient sans doute d'une très grande ressource, à cause des détails qui s'y trouvent bien plus communément que dans les Cartes générales; sauf à prendre garde de ne pas s'en laisser imposer par des détails spécieux qui ne sont quelquefois que des vraisemblances de l'invention du Dessinateur. Y a-t-il, par exemple, rien de plus détaillé en apparence, que les Cartes de certaines parties des Provinces Unies, du Brabant, & de la Flandre Hollandoise, où les Rivieres, les Canaux, les digues, les chemins, les Villes, les Villages &c. sont exprimés, pour ainsi dire, en relief, tandisque tout ce qui y est ainsi répresenté n'est pour la plûpart, rien moins que vrai, & que les positions des lieux y sont presque toutes fausses, au moins quant à ce que j'en ai vû par moi-même? Il n'en est pas de même des grandes Cartes de la Flandre & du Brabant gravées à Bruxelles, par *Frix*, & ensuite à Paris, par *le Rouge*. Ces Cartes nous ont été très utiles dans la derniere guerre en Flandres.

Nous

([a]) Quoique la Bohème & la Prusse soient à présent des Royaumes, elles ne doivent cependant être regardées dans ce cas-ci, que comme de grandes Provinces.

([b]) Je

Nous avons les Cartes de la Siléfie, de la Boheme, de la Moravie, de la Saxe, de la Weftphalie &c. qui nous font d'une très grande resfource dans cette guerre-ci: il en eft une infinité d'autres, comme du Cours du Rhin, du Danube, du Po &c. qui font très bonnes.

Il fe trouve quelquefois des morceaux de terrain fort détaillés & très bien levés, des Plans de Villes avec leurs environs fouvent fort étendus, des Bailliages, même des Terres de fimples particuliers, qui, felon les circonftances, ne feroient nullement à négliger.

Au refte je préviens que cet Effai n'a pour objet que les Cartes générales quelconques, me refervant, pour un autre endroit, les détails qui concernent les Cartes particulieres. Cet effai n'a pour objet que les Cartes générales.

Généralement la levée des Cartes regarde les Ingénieurs, qu'ils foient militaires ou civils, cela ne fait rien à la chofe, pourvû qu'ils ayent ce qu'il leur faut pour fe bien acquitter de leurs Commiffions: mais, à ce fujet, il eft bon d'être prévenu qu'il n'en eft pas de la Carte d'un Empire, d'un Royaume, ou d'une grande Province, comme de celle d'un terrain qu'on leve en fuivant l'Armée, avec une fimple Planchette, une Bouffole, ou quelqu'autre Inftrument de cette catégorie, & même le plus fouvent à vuë d'oeil; quoique, dans le fonds, la théorie foit pour les unes & les autres à peu près la même, il y a cependant bien de la différence dans les Opérations. Pour le premier, il faut des Géometres, des Géographes, [b] & de bons Par qui elles doivent être levées?

[b] Je n'entens point par Géographes, ces gens qui, dans les Armées fe difent *Ingénieurs Géographes*, uniquement parce qu'ils ne font point Ingénieurs: mais qui cependant

bons Astronomes; pour le second, il ne faut que des Ingénieurs fort ordinaires.

Aussi n'appartient-il qu'à des Souverains de faire lever les Cartes de leurs Etats, ou de quelques grandes Provinces; ce qui vrai semblablement suppose le cas de n'en avoir que d'imparfaites, de fausses, de douteuses, ou peut-être de n'en avoir point du tout. Cela vient aussi quelquefois d'une simple curiosité de grands Seigneurs, car il en est pour eux de ces choses là comme d'un meuble qui plait.

Des Cartes anciennes.

Outre les Cartes nouvelles que tout le monde a, il en est d'anciennes qui ne se trouvent guères que chez les Savans, ou entre les mains de ceux qui veulent faire des progrès dans l'étude de l'Histoire & dans les connoissances de l'Antiquité: telles sont entre autres les Cartes anciennes d'une partie de l'Afrique & de l'Asie, des Gaules, de l'Egypte, de la Grece, de l'ancienne Italie, de la Germanie, &c.

Projet de lever la Carte du Canada.

Planche I.

J'entre en matiere par un exemple que je présume devoir plus intéresser que tous les raisonnemens dont est susceptible un Projet comme celui-ci. Je suppose que les Anglois veuillent faire lever la Carte de leurs conquêtes en Amérique: qu'ils l'ayent déjà, bonne ou mauvaise, cela n'est pas de mon sujet: mais je pose pour base des opérations que je proposerai à ce sujet, qu'ils ont, aussi exactement qu'il soit possible, la Carte de leurs anciens-

dant sont tenus tels par la plûpart de ceux qui manquent des connoissances qu'il faut pour ne pas s'en laisser imposer.

(c) J'ai vû du milieu des Plaines de Magdebourg les montagnes du Hartz à plus de 14 milles de distance, celles de Boheme se voyent d'aussi loin; d'ailleurs tout ceci n'étant qu'une supposition, pourvû qu'on garde une cer-

ciennes Possessions dans ce Païs-là, même assés avant dans les Terres du Continent, pour n'avoir plus besoin que de joindre la nouvelle Carte à l'ancienne, pour en faire une complette de tout ce qu'ils possèdent dans cette Partie du monde. Ainsi je laisserai à l'ancienne Carte, toutes les côtes orientales jusqu'à l'embouchure du fleuve saint Laurent, la presqu'Isle d'Acadie, l'Isle Royale, celle de St. Jean, d'Anticosti, & toutes les autres petites Isles qui se trouvent le long des côtes: bornant mon projet au cours du fleuve St. Laurent & à la levée de terrain à droite & à gauche de ce fleuve, depuis le lac Ontario, jusqu'à son embouchure vis à vis de l'Isle d'Anticosti; le tout de maniere que les points des nouvelles observations se rencontrent dans les Terres, parfaitement avec ceux des anciennes qui deviendront par là la base de tout l'Ouvrage.

Premiers pas des Observateurs arrivés à Quebec.

Que pour une telle entreprise, on envoye de Londres douze Ingénieurs, Membres d'Académie, ou autres, tels qu'il les faut pour ces sortes d'ouvrages: que leurs premiers pas en arrivant à Quebec, soïent sur une hauteur proche de la ville que je marque A, cela est aussi naturel que de supposer que de cette hauteur on découvre une grande partie des montagnes aux environs, en fussent-elles éloignées de dix, de douze, & même de quinze milles d'Allemagne, (c) peut-être à de telles distances

Planche I.

certaine vraisemblance, il est libre à chacun de la faire la plus propre à l'objet qu'il se propose: ainsi les distances & les mesures, quoique vraïes en elles mêmes, peuvent être réduites à ce que l'on veut, & par conséquent n'être regardées que comme des mesures & des distances de pure imagination.

(d) Se-

tances ne les verra-t-on que difficilement & confusément ; mais il suffit de les appercevoir pour remplir l'objet que l'on se propose.

Mettons que les montagnes les plus aisées à distinguer du point A, soient B, C, O, d'un côté du fleuve, & H, D, G, de l'autre côté ; il en résultera que la hauteur A sera vuë réciproquement de ces six points : reste à savoir si de B on peut voir C, si de G on peut voir D, c'est pourquoi on enverra quelques uns des Observateurs aux endroits en question : s'il ne se trouve point de difficulté à voir d'un lieu l'autre, on y élévera tout de suite les signaux avec lesquels on se propose de lever les deux triangles A G D, A G B, ce qui sera le commencement des Opérations.

Les Observateurs seront sans doute munis d'instrumens & de tout ce qui leur est nécessaire pour une entreprise pareille. Je n'entre point dans le détail de leurs équipages, de leurs chevaux, ni de leurs voitures : mais je compte qu'indépendamment de leurs domestiques, ils auront quelques aides intelligents & un certain nombre de travailleurs pour les gros ouvrages indispensables dans ces circonstances : il leur faut aussi deux bons Dessinateurs & deux Sécretaires qui tiennent des Journaux exacts des Opérations.

Les

([d]) Selon *Mr. de Maupertuis*, les signaux dont on s'est servi pour mesure du degré du Méridien au Cercle Polaire, étoient pour la plûpart blancs, de sorte qu'on pouvoit facilement les observer à la distance de 10 & 12 Lieuës de France ; mais il est à remarquer en ceci, que si les signaux doivent être tous au dessus de l'horizon,

Les signaux aux sommets des montagnes seront autant qu'il sera possible, bâtis sur des platte-formes horizontales, où l'on dressera de grands arbres en formes de cônes perpendiculaires sur les platte-formes qui leur serviront de bases, & qui doivent être assés grandes pour qu'on puisse manoeuvrer avec les Instrumens dans le vuide du cône où l'on fera entre les arbres autant d'ouvertures que l'on voudra, pour viser à tous les points des environs. Si l'on veut avoir les signaux blancs, on dépouïlle les arbres de leurs écorces; au contraire on leur laisse toutes leurs branches & toutes leurs feuilles, si l'on veut les avoir noirs & épais. On se sert des premiers, lorsque les stations ne sont pas fort éloignées les unes des autres; (d) mais à la distance de 12 & de 14 milles d'Allemagne, (ce qui est à la vérité une proposition un peu forte) on ne les sçauroit faire trop épais ni trop hauts, afin que cela fasse un feu plus grand & plus durable, le jour ou la nuit qu'on sera convenu de les allumer. Les signaux.

Des douze Ingénieurs ci-dessus mentionnés, il s'en établira quatre à l'Observatoire A, (e) deux iront vers B, deux vers C, & les quatre autres vers D & G. Si quelques uns venoient à se tromper, en prenant une montagne pour l'autre, ce qui ne seroit nullement impossible dans un païs comme celui-là, & à la distance excessive que nous sup- Premieres stations des Observateurs. Planche I.

A 4 po-

zon, il faut qu'ils soient noirs, & au contraire, s'ils sont pour être vûs au dessous de l'horison, il faut qu'ils soient blancs.

(e) Je dis l'Observatoire, puisque c'est un point duquel dérivent tous les autres ensuite, & auquel ils doivent se rapporter tous, comme nous aurons occasion de le voir en son lieu.

posons, il faudroit alors se redresser les uns les autres par les signaux, ou telles autres mesures que ce soient, dont on seroit convenu. Les choses ainsi préparées pour lever en même tems les angles des deux triangles A B C, A D G, on observera avec l'Instrument placé en A, les quatre points B, C, D, G, auxquels nous nous bornons pour les premieres Opérations, & l'on notera exactement les angles que les lignes de visée font entr'elles. Supposons que les Lignes A B, A C, fassent l'angle B A C, de 51 deg. 10 m. & les Lignes B A, B.C, l'angle A B C, de 48 deg. 52 m. il s'ensuivra nécessairement le troisieme angle du triangle A C B, de 79 deg. 58 m. & s'il se trouve tel, en le mesurant avec l'Instrument, c'est une marque de la détermination juste de ce premier triangle par rapport à ses angles. Faisant à D & à G, comme à B & à C, on aura le second triangle A D G déterminé de même par rapport à ses angles; on peut tout de suite mesurer l'angle B A D qui se trouve entre les deux triangles; mais avec tout cela on ne peut pourtant point encore les ajuster sur le Plan : c'est pourquoi je présume qu'il seroit bon de pouvoir du point B, voir le point D, & réciproquement, afin d'avoir par là le triangle A B D, pour joindre ensemble les deux premiers & en faire un Plan quelconque, en attendant une base propre à déterminer leur véritable Grandeur.

D'une base propre à déterminer la grandeur des triangles.

Mais, pour avoir cette base dès le commencement, ce qui seroit d'un très grand avantage pour le progrés des Opérations ultérieures, il faudroit chercher dans le voisinage quelque plaine, ou terrain assés étendu pour pouvoir y rapporter les triangles dont je viens de parler, & déterminer tout de suite leur grandeur. Que cette base soit par exem-

Planche I.

exemple la ligne P a, rapportée comme il se voit au côté AC, du triangle ACB, cela suffit pour déterminer la grandeur de ce côté là. Nous verrons ensuite comment de cette grandeur une fois déterminée, découlent toutes les autres; il y auroit seulement à craindre, dans un cas comme celui-ci, de trouver trop de difficultés à mesurer une aussi grande étenduë de terrain. Enfin, que la chose soit possible ou non, rien n'empêche de lever une suite de triangles, à peu près comme ils sont marqués au Plan, sans s'embarasser de la grandeur de leurs côtés que l'on détermine ensuite, lorsqu'on a l'occasion de mesurer une ligne qui puisse servir à cette détermination.

Des signaux pendant la nuit.

Planche I.

A' vuë de païs la distance de A à C est de 11 milles d'Allemagne, celle de A à B d'environ 14 milles. Quoique dans un tems clair & serein on puisse voir, à cette distance, les sommets des hautes montagnes, il ne s'ensuit pas pour cela qu'il soit aisé de distinguer les signaux d'un lieu à l'autre, même avec les meilleures Lunettes d'approche adaptées aux instrumens: mais, si l'on ne peut rien observer de jour, il faut observer la nuit les feux qu'on sera convenu d'y allumer. J'ai marqué les arbres qui doivent servir de signaux précisément sur les platte-formes: comment faire pour les brûler & instrumenter en même tems par dessous? Le moyen le plus simple, selon moi, dans un cas pareil, seroit de faire avec de grands arbres, des bûchers à quelque distance de la platte-forme, chacun sur l'allignement de certains points respectifs, c'est à dire, comme il se voit en la Figure I. qu'on feroit sur l'allignement des points A B, le bûcher C, à une vingtaine de pas de B, & sur l'allignement des Points D B, le bûcher E, aussi à une vingtaine de pas de B, & ainsi des autres. Une diſtance de vingt ou de vingt cinq pas d'un bûcher à l'autre ne peut guères être regardée, par rapport à celle de douze ou de 14 milles d'Allemagne, que comme un point dont les Obſervateurs ſont les maîtres de ſe ſervir de la maniere la plus propre à l'objet de leurs Opérations. Je ſuis perſuadé que deux bûchers allumés à cette diſtance ne paroîtront faire qu'un ſeul feu. Suppoſé même qu'il y ait un peu de diſtinction, ce que je ne préſume pas, il dépendra toujours des Obſervateurs de viſer un peu plus à droite ou un peu plus à gauche, ſelon qu'ils le jugeront à propos.

Triangles rapportés enſemble pour en faire une ſuite.

Planche I.

Les trois triangles A B C, A D G, A B D, rapportés enſemble, par le moyen de leurs côtés communs, peuvent déjà commencer le Plan des opérations, quand bien même leur véritable grandeur ne ſeroit point encore déterminée.

Mais ſi, à cauſe de la trop grande diſtance de B à D, ou pour quelqu'autre raiſon que ce fût, ces deux points ne pouvoient ſe voir mutuellement, il faudroit en chercher quelqu'autre mitoyen, comme H, d'où l'on pût voir A, B, D, & où réciproquement l'on pût en être vû: par là on détermineroit ſans aucune difficulté les deux triangles A H B, A H D, & on les joindroit enſemble, par leur côté commun A H; de même à ces deux derniers pourroient être joints tout de ſuite les deux premiers levés, auſſi par leurs côtés communs A B, A D, pour ne faire tous enſemble qu'un même plan: c'eſt pourquoi deux des quatre Obſervateurs de la hauteur A auroient bien pû s'établir d'abord au point H.

Après les Obſervations faites aux points A, B, C, D, G, H, on ira aux autres points marqués dans la ſuite des triangles, ſoit en deſcendant, ſoit en remon-

remontant le fleuve, & l'on y bâtira les signaux pour prendre l'ouverture des angles, à la maniere & avec les Instrumens ordinaires.

Dans le triangle A B H, si l'angle H A B, a été trouvé par ceux de A de 42 degrés 30 min. & A B H de 32 deg. 20 m. par ceux de B, on aura pour complément l'angle A H D de 105 deg. 10 m. De même dans le triangle A D H, l'angle H A D de 25 deg. 0 m. & A D H, de 32 deg. 45 m. donneront pour complément l'angle A H D de 112 deg. 15 m. J'ai dit précédemment que l'angle B A D auroit été mesuré à l'occasion des deux premiers triangles, s'il avoit été trouvé de 77 deg. 30 m. ce seroit une marque de la justesse des Opérations de part & d'autre, puisque les deux angles H A D, H A B, qui font ensemble B A D, se trouvent de 77 deg. 30 m.

Dans le triangle G A O, l'angle O A G de 46 deg. 0 m. & O G A de 55 deg. 20 m. donneront le complément A O G, de 78 deg. 40 m. ainsi par le moyen de la ligne A G commune aux deux triangles A G O, A G D, on joindra le premier au second en menant du point A, la ligne G O, qui fasse avec G A, l'angle de 55 deg. 20 m. De cette maniere les deux lignes A O, G O, se coupant au point O, détermineront les angles & les côtés de ce dernier triangle, rélativement aux autres pour lesquels on aura sans doute agi de la même maniere.

Maniere d'écrire l'ouverture des angles dans le Journal.

On écrira dans le Journal des Opérations l'ouverture des angles observés, leur réduction à l'horizon par rapport au différentes hauteurs des lieux d'observation, ou pour quelqu'autre raison que ce soit, à peu près de la maniere suivante.

Angles

Planche I.

Angles observés.			*Réduits à l'horison.*		*Hauteurs.*
CAB, —	51 deg.	10 m.	51 deg.	10 m.	=0—0—0
BAH, —	42 —	30 —	42 —	30 —	=0—0—0
HAD, —	35 —	00 —	35 —	00 —	=0—0—0
DAG, —	73 —	00 —	73 —	00 —	=0—0—0
GAO, —	46 —	00 —	46 —	00 —	=0—0—0

NB. que dans ce commencement de Table, les angles obſervés & réduits à l'horizon ſont les mêmes,

(f) Il eſt à obſerver que les côtés des triangles ne ſont pas toujours de 10 & de 14 milles, comme je les ſuppoſe en cet exemple. On n'eſt pas non plus toujours maitre de placer les Inſtrumens quarrés de Cercle, ou autres, aux centres des ſignaux, & les ſignaux ne ſont pas toujours ſur des hauteurs égales. Dans un Clocher dont la flêche ſert naturellement de ſignal, il eſt rarement poſſible de placer l'Inſtrument au centre. Sur une hauteur où ſe trouve pour point de vûë un moulin à vent, ou un gros arbre, comment dreſſer l'Inſtrument au centre, à moins de renverſer le moulin, ou de couper l'arbre. Dans des cas pareils, ſi on les croit de quelque conſéquence, il n'y a point d'autre parti à prendre que de ſe mettre en avant, en arrière, ou à côté du ſignal.

Soit dans le triangle ABC Fig. I^{e}. A un gros arbre, C le Clocher d'une ville ou d'un village, & B un troiſieme point quelconque: pour viſer de A à C, on mettra l'Inſtrument au point a, ſix pieds en avant du centre de l'arbre A, dans l'allignement de AC. Enſuite pour viſer de C à A, on mettra l'inſtrument à c, 8 pieds derrière C, dans le prolongement de la ligne A C, afin de prévenir les difficultés que des points hors de cet allignement pourroient cauſer dans les calculs; de cette maniere les ſignaux aux ſommets des angles du triangle ne ſeront plus A B C, mais a B c. Or en ſuppoſant l'Angle caB de 67 ^{deg},

mes, parce que, selon nôtre supposition, toutes les Opérations se sont faites du centre des signaux, & les endroits des signaux sont à peu près aussi élevés les uns que les autres. Ce n'est pas que la différence qu'il pourroit y avoir, à cause des hauteurs inégales des signaux, soit à négliger; mais j'aime mieux en faire un article à part dans la note suivante. (^{f})

Après

67 ^{deg}. 30 ^{m}. l'angle a c B, de 61 ^{deg}. 45 ^{m}. & le côté a c de 1500 Verges: on aura, moyennant ces trois choses connuës, l'angle a B c de 50 ^{deg}. 55 ^{m}. le côté a B de 1706^{v} 3^{p} 6^{p}, & le côté B c de 1789^{v} 6^{p}. 7^{p}. Ayant le triangle a B c ainsi déterminé par rapport à ses angles & à ses côtés, on trouvera les angles du triangle A B c, & son côté A B, en considérant que l'angle c, demeure toujours de 61 ^{deg}. 45^{m}. & que la grandeur des côtés qui forment cet angle est déjà connuë, c'est à dire, la grandeur du côté B c, pour être de 1789^{v} 6^{p} 7^{p}, celle du côté A c pour être de 1500^{v} 6^{p}, & l'angle A c B de 61^{deg}. 45^{m}. Par le moyen de ces trois choses connues, on connoitra l'angle B A c de 67^{deg}. 29^{m}. ce qui est la réduction de l'angle B a c à l'angle B A c, d'une minute de moins à ce dernier: d'où il s'ensuit que, connoissant dans le même triangle A B c les trois angles & deux côtés, on connoitra le troisieme côté A B de 1706^{v} 5^{p} 6^{p}, ce qui fait la réduction de la ligne A B en raison de deux pieds de plus pour celle-ci.

Quant à la seconde supposition de l'Instrument placé en c, à 8 pieds derriere c, la question est de réduire le triangle A B c au triangle A B C. Pour cet effet connoissant.

A B de 1706^{v} 5^{p} 6^{p}

A C de 1499^{v} 10^{p} 9^{p}

& l'angle B A C de 67^{deg}. 29^{m}. on connoitra l'angle A C B de 61^{deg}. 46^{m}. 10^{s}.

ce

Les Obſervateurs changent de ſtations.

Après avoir levé les triangles aux environs de Quebec, les Obſervateurs ſe ſépareront, les uns pour remonter, les autres pour deſcendre le fleuve.

De

ce qui eſt la réduction de l'angle AcB à l'angle ACB, d'une minute & dix ſecondes de plus pour ce dernier. Ainſi, connoiſſant dans le triangle ABC, les trois angles & deux des côtés, on connoitra le troiſieme côté BC 1789^{v} 2^{p} 8^{p}.

De cette maniere le triangle acB ſera réduit au triangle ACB ; mais, quoique cette réduction ne conſiſte, par rapport aux côtés des triangles, qu'en quelques pieds & pouces ſur des diſtances de 1500 & de 1600 verges, & en quelques minutes & ſecondes de différence dans les angles, on doit cependant voir par cet exemple, qu'il peut être de quelque conſéquence dans la ſuite des Opérations d'obſerver, autant qu'il eſt poſſible, les angles du centre des ſignaux, ou ſi on ne le peut pas, d'entrer dans la réduction des triangles.

Il eſt évident que, ſi la réduction par rapport aux centres des ſignaux ſert à la préciſion de l'ouvrage, la réduction par rapport aux hauteurs différentes des lieux n'y ſert pas moins. Qu'on viſe par exemple du point B au point A Fig. III. ſi ce dernier eſt plus haut de pluſieurs verges que le premier, il s'enſuivra que le rayon BA ſera plus long que la ligne horiſontale BC qui couperoit au point C la perpendiculaire abaiſſée de A. Je conviens qu'eu égard au plan de l'horizon, la différence ne feroit presque rien, s'il ne s'agiſſoit que d'un angle; mais lorsqu'il s'agit de pluſieurs angles qui forment un triangle & une ſuite de triangles, cela demande déjà qu'on y faſſe quelque attention, ſurtout ſi les ſignaux ne ſont pas fort diſtans les uns des autres, & ſi la différence de leurs hauteurs eſt conſidérable.

Dans le triangle ABC, Fig. IV. connoiſſant la baſe AB de 3000 verges, & cha-

De D, B, H, verra-t-on E? Ne le verra-t-on que de deux de ces Points, ou ſeulement d'un? En tout cas deux des Obſervateurs iront avec leurs cor-

chacun des trois angles de 60 deg. 0—0; les deux autres côtés AC, BC ſeront par conſéquent auſſi de 3000 verges chacun: nous ſuppoſons les termes de la baſe AB de même hauteur; mais C au deſſus de A & de B, de maniere que les rayons AC, BC, faſſent avec l'horizon un angle de 40 m. Cet angle, avec 3000 verges pour la diagonale du triangle, donne à ſon côté oppoſé perpendiculaire ſur la ligne horizontale 34 v. 10 p 8 p leſquels produiſent la différence de la diagonale à la ligne horizontale de 13 p 8 p de moins à cette derniere. Cette réduction qui eſt la même pour les deux côtés, AC, BC, donne après cela dans les angles une différence de quelques ſecondes. Ainſi l'angle C, au lieu d'être de 60 deg. ſe trouvera de 60 deg. 0 m. 22 ſec. & par conſéquent chacun des deux autres angles ne ſera que de 59 deg. 59 m. 49 ſec. mais, puiſqu'on connoit C plus haut que A & B en raiſon de 40 m. pour l'angle que cela forme, on écrira comme ci-après dans la premiere colonne, l'angle obſervé de 60 deg. dans la ſeconde colonne, ce même angle réduit à l'horizon de 59 deg. 59 m. 49 ſec. enfin dans la troiſième colonne l'élévation de C au deſſus de A & de B en raiſon de 40 m. pour les angles. NB. que dans la colonne des hauteurs, le ſigne + marque l'élévation au deſſus de l'horiſon, & le ſigne — marque l'abaiſſement au deſſous. Si du point C on obſerve l'angle ACB de 60 deg. A & B ſe trouvant chacun de 40 m. au deſſous de C, donneront l'Angle ABC réduit à 60 deg. 0 m. 22 ſec.

Angles obſervés.	*Réduits à l'horiſon.*	*Hauteurs.*	
ABC 60 d. 0 m. 0 ſ.	59 d. 59 m. 49 ſ.	C + 0 d. 40 m. 0 ſ.	Fig. IV.
ACB 60 · 0 · 0 ·	60 · 0 · 22 ·	A · 0 · 40 · 0 ·	
		B · 0 · 40 · 0 ·	

il

tèges élever un ſignal E pour y faire leurs Obſervations, tandis que les autres feront les leurs aux endroits où il conviendra le mieux. Suppoſons l'angle HBE obſervé par ceux de B, de 55 deg. on l'écrira comme je l'ai dit précédemment, & on le réduira, s'il eſt néceſſaire, pour le rapporter ſur le Plan, en menant la ligne BE qui faſſe avec BH, l'angle de 55 deg. L'angle BEH ayant été obſervé en E de 56 deg. 20 m. on l'écrira, comme le précédent, & on le rapportera ſur le Plan en menant la ligne HE qui faſſe avec HB l'angle de 68 deg. 40 m. ſoit que cet angle ait été trouvé d'autant par

il arrive presque toujours, ou plûtôt il eſt humainement impoſſible qu'il n'arrive pas, qu'après l'Obſervation des angles d'un triangle, ſi l'on s'aſſujettit à les obſerver tous les trois ſéparément, & même après leur réduction à l'horizon, ils ne font point enſemble préciſément 180 deg. les eût-on obſervés avec les Inſtrumens les plus parfaits; ce qui oblige à les corriger pour le calcul, en faiſant entrer la différence dans chacun des trois angles à proportion de leur grandeur, c'eſt à dire que ſi elle manquoit pour faire 180, il faudroit l'ajouter, & au contraire l'ôter, toujours dans la même proportion, ſi elle y étoit de trop, comme l'exemple ſuivant le fait voir dans le triangle DEF. Fig. V.

	Angles obſervés.	*Réduits à l'horiſon.*	*Hauteurs.*	*Corrigés pour le Calcul.*
DEF	40 d. 14 m. 57 ſ. 3 ice.	40 d. 14 m. 52 ſ. 7 ice.	F + 0 d. 22 m. 30 ſ. D + 0 - 1 - 0 -	40 d. 14 m. 46 ſ.
EDF	51 - 53 - 13 - 7 -	51 - 53 - 4 - 3 -	F + 0 - 18 - 30 - E − 0 - 14 - 0 -	51 - 52 - 57 -
EFD	87 - 52 - 9 - 7 -	87 - 52 - 24 - 3 -	E − 0 - 32 - 40 -	87 - 52 - 17 -
	180 - 0 - 20 - 7 -	180 - 0 - 21 - 3 -		180 - 0 - 0 -

On peut voir par ces exemples, que les différences, quand il s'agit de diſtances un peu grandes, ſont ſi pe-

par ceux de H, soit qu'on se soit servi du complément des deux premiers HBE, BEH, pour le marquer tel.

Dans le triangle HDE, l'Angle DHE ayant été observé de 73 deg. 55 m. ou déterminé tel par complément des trois angles DHA, HAB, BHE pour achever le Cercle : si les deux côtés EH, DH, sont connus, comme le supposons, l'un de 17038 v. 7 p, & l'autre de 19979 v. 3 p, on aura bientôt les deux autres angles, & par conséquent le triangle sera déterminé par rapport à ses angles & à ses côtés, comme il seroit en la Figu- Planche II.

petites, qu'il est presqu'inutile d'y avoir égard. A plus forte raison seroit-il donc permis de les négliger, si les distances étoient de douze ou de 14 milles d'Allemagne, comme j'ai hazardé de les supposer au commencement. Aussi n'ai-je inséré ceci que pour montrer la précision à laquelle on devroit à la rigueur s'attacher dans ces sortes d'ouvrages. Autre chose seroit, si les distances étoient courtes, & si les points d'observation se trouvoient fort au dessus ou au dessous les uns des autres. Par exemple, dans le triangle ABC Fig. IV. la distance AB n'étant que de 150 verges, & le point B se trouvant de 7 deg. 36 m. au dessus de A, la ligne AB réduite à l'horizon sera d'une verge, quatre pieds, trois pouces, plus courte que la ligne observée de AB ; ce qui doit faire changer, à proportion, les angles du triangle, comme il a déjà été vû : & une différence d'une verge, quatre pieds, trois pouces, sur une distance de 150 verges, n'est pas à négliger, pour peu que l'on veuille que l'ouvrage soit correct.

Voyez à ce sujet les Mémoires de *Mrs. de Maupertuis* & *Cassini* sur la Mesure des dégrés des Méridiens, par lesquels ils ont déterminé la Figure de la Terre.

(1) On

Figure I, de la Planche II. où eſt marquée la ſuite des premiers triangles, déterminés tant par rapport à leurs angles que par rapport à leurs côtés; ce qui ſuppoſe ſans doute une baſe dejà meſurée, dont on s'eſt ſervi pour cette détermination; que s'il n'y avoit point encore eu de baſe meſurée, on ſe contenteroit de marquer les triangles ſans avoir égard à la grandeur de leurs côtés.

Mais, dans le cas où E ne pourroit être vû que de B ou de D, (je m'arrête au premier,) on marqueroit l'ouverture de l'angle B, par une ligne indéterminée vers E, qu'on laiſſeroit jusqu'à ce qu'elle vint à être recoupée par quelqu'autre de la ſuite des triangles, ou jusqu'à ce que ſa grandeur fut déterminée comme celle des autres. Cela étant, les deux côtés BH, BE, connus, ainſi que l'angle compris entre deux, on trouvera par analogie l'angle BHE de 68 deg. 40 m. & l'angle HEB de 56 deg. 20 m. Par conſéquent, le côté HE

(g) On trouvera peut-être cette diſtance d'une énorme grandeur, en comparaiſon des plus grandes qui aïent été méſurées jusqu'ici; mais, encore un coup, tout ceci n'eſt qu'une ſuppoſition. Lorsque Mrs. les Obſervateurs du dégré du Méridien au Cercle Polaire meſurerent la baſe de leurs Opérations, ils le firent avec 8 perches de 30 P de longueur chacune; & l'on avoit uſé de ſi grandes précautions pour ajuſter ces perches, que, malgré leur extrème longueur, lorsqu'on les préſentoit entre deux bornes de fer, elles y entroient ſi juſte, que l'épaiſſeur d'une feuille de papier le plus mince de plus ou de moins rendoit l'entrée impoſſible ou trop libre. Les meſureurs s'étoient partagés en deux troupes, dont chacune avoit quatre de ces meſures. Enfin les uns & les autres ayant employé

HE ſera comme il eſt marqué en la Figure I. d'où il s'enſuit que pour déterminer la figure DHBE, jointe à la ſuite des premiers triangles, il ne s'agit que de voir E de B, H, ou D, & qu'il en ſera de même de toute autre figure en cas pareil.

J'ai dit que l'on pourroit meſurer la baſe PA, mais il eſt à obſerver par rapport à cette baſe, que ſes deux extrémités ne doivent pas être fort éloignées des points des triangles, auxquels on veut les rapporter.

Maniere de ſe ſervir de la baſe par rapport à la ſuite des triangles.

Planche II. Fig. I.

Cette baſe ayant donc été meſurée & trouvée exactement de 9375 verges, 4 pieds, (*) l'angle APQ de 131 deg. 30 m. & QAP de 21 deg. 45 m. on aura le troiſieme angle PQA, de 26 deg. 45 m. d'où il s'enſuivra que, comme le ſinus de 21 deg. 45 m. eſt à ſon côté oppoſé 9375° 4 p, ainſi le ſinus du complément de 131 deg. 30 m. = 48 deg. 30 m. eſt au côté AQ de 18949° 4 p.

 L'angle

ployé 8 jours à cet ouvrage, pendant le plus grand froid qui ſe faſſe ſentir au Cercle Polaire, ne trouverent dans leurs meſures que 4 pouces de difference, ſur une diſtance de 7406 toiſes, 5 pieds: exactitude, dit *Mr. de Maupertuis*, qu'on n'oſeroit attendre, qu'on n'oſeroit même presque dire: mais qu'on ne doit pas non plus regarder comme un effet du hazard & des compenſations qui ſe ſeroient faites après des différences plus conſidérables; car cette petite différence leur vint presque toute le dernier jour, après avoir meſuré de chaque côté tous les jours le même nombre de toiſes, & tous les jours la différence entre les meſures n'ayant pas été d'un pouce, dont l'une avoit tantôt ſurpaſſé l'autre, & tantôt en avoit été ſurpaſſée. Cette juſteſſe, ajoute *Mr. de Maupertuis*, quoi-

L'angle ACQ étant de 58 deg. 15 m. & CQA de 95 deg. 30 m. on aura l'angle QAC de 26 deg. 15 m. d'où il s'ensuivra que comme le sinus du 58 deg. 15 m. est à son côté opposé 18949v 5 p, ainsi le sinus du complément de 95 deg. 30 m. est au côté AC de 22181v 7 p.

De même, dans le triangle ABC, comme le sinus de l'angle B de 48 deg. 52 m. est à son côté opposé 22181v 7 p, ainsi le sinus de l'angle C de 79 deg. 58 m. est à AB de 29000v ; & ainsi du reste.

Cette ligne AB constatée & vérifiée, de quelque maniere que ce soit, pour être de 29000v servira à cause de sa grandeur, de base générale pour tout le reste de l'ouvrage; ainsi ce sera par elle, & par une suite d'opérations trigonométriques les plus ordinaires, qu'on déterminera les côtés de toutes les figures quelconques, en suivant les triangles tels qu'ils sont marqués dans la Carte, si l'on n'aime mieux en faire d'autres, ou faire quelque changement à ceux-ci.

Je laisse donc à ceux qui voudront s'exercer dans les calculs, à déterminer les triangles l'un après

quoique duë à la glace, (car leur base fut mesurée sur le fleuve de Torneå glacé & couvert de neige;) & au soin qu'on avoit pris de ne pas négliger la moindre chose, fait voir combien les perches étoient égales; car la moindre inégalité entr'elles auroit causé une différence considérable dans les mesures sur une distance aussi longue qu'étoit celle ci. NB. qu'il avoit déjà été observé que le

après l'autre, comme j'ai commencé, & à peu près dans l'ordre de ce plan: il eſt d'ailleurs fort libre à chacun de ſuppoſer telle baſe qu'il voudra: il eſt certain auſſi que, plus y a de lignes meſurées dans un plan comme celui-ci, plus on eſt ſûr de l'exactitude de l'ouvrage, & plus on en a de ſatisfaction.

Les opérations peuvent ſe vérifier de pluſieurs manieres différentes, mais, entr'autres, par la raiſon que dans des figures quelconques où les angles au contour ſont tous intérieurs, ces angles valent chacun deux angles droits, moins quatre ſur le tout. Par exemple, dans le contour d'une figure de cinq côtés, les cinq angles valent enſemble dix angles droits, moins quatre, c'eſt à dire, qu'ils valent ſix angles droits, qui font 540 dégrés.

Preuve des opérations par la propriété des figures.

Planches I & II.

Dans la Figure I. de la Planche II. les angles au contour du Plan G D E B C Q O, valent enſemble ce que doit valoir un Heptagone, c'eſt à dire 900 dégrés, (ce qui ſuppoſe toutes les méſures priſes avec la derniere préciſion,) comme il ſe voit par le produit de l'addition ſuivante.

B 3 GDA

le froid & le chaud font moins d'effet ſur des meſures de bois de ſapin que ſur le fer dont étoit la Toiſe qui avoit été apportée de Paris, & qu'on avoit ſoin de tenir dans un lieu où le Thermometre de *Mr. de Reaumur* étoit à 15^{deg}. au deſſus de zéro, & celui de *Mr. Printz* à 62^{deg}. ce qui eſt la température des Mois d'Avril & de May à Paris.

(b) Il

GDA *angl.*	42 *degr.*	30 *min.*	GDE *ang.*	132 *deg.*	43 *min.*
ADH —	32 —	45 —			
HDE —	57 —	28 —			
DEH —	48 —	37 —	DEB —	104 —	57 —
HEB —	56 —	20 —			
EBH —	55 —	0 —	EBC —	136 —	12 —
HBA —	32 —	20 —			
ABC —	48 —	52 —			
BCA —	79 —	58 —	BCQ —	138 —	12 —
ACQ —	58 —	15 —			
CQA —	95 —	30 —	CQP —	122 —	15 —
AQP —	26 —	45 —			
Pour les deux angles PQO, POQ (b)				27 —	24 —
PQA —	39 —	46 —	PQG —	118 —	26 —
AQG —	78 —	40 —			
OGA —	55 —	20 —	OGD —	119 —	50 —
AGD —	64 —	30 —			
				900 —	0 —

S'il arrivoit que la ſomme des angles ne fût pas exactement de 900 deg. comme il peut très bien arriver, ou plûtôt, comme il eſt humainement impoſſible qu'il n'arrive pas, s'ils ont été meſurés chacun à part, il en réſulteroit au moins, que l'on

(b) Il eſt à obſerver que pour les deux angles PQO, POQ, j'ai pris le complément aux angles APQ, APO, lequel ſouſtrait de 180 dégrés donne pour les deux angles PQO, POQ, en queſtion, 27 deg. 24 m. comme il eſt marqué dans la Table. Telle eſt la maniere la plus ſimple de mettre les angles du dehors en dedans pour réduire la figure à ce que l'on veut : il en ſera de même de toute autre figure de tel nombre de côtés qu'elle puiſſe être, toujours par la raiſon de deux angles droits pour chaque angle à la circonférence, moins

l'on feroit à même de connoitre la différence plus ou moins grande qui s'y trouveroit, d'où l'on jugeroit, fi l'on devroit y avoir égard ou non. ([i])

Dans la Fig. I. la plûpart des angles & des lignes font déterminés, par conféquent les triangles y compris le font auffi ; ainfi, en fuivant ce modèle & les formules ordinaires, on peut aller d'un triangle à l'autre jusqu'à l'infini : fi, dans la fuite des Opérations, il fe rencontre quelques côtés de triangles aifés à mefurer, on ne balancera point de le faire fur le champ, avec toutes les précautions requifes. Par exemple, lorsque le fleuve St. Laurent feroit gelé, ne pourroit-on pas mefurer la ligne BW qui le traverfe, comme on a mefuré au Cercle Polaire la bafe, fur le fleuve Torneå ; mais à ce fujet, il eft à obferver que la bafe mefurée fur le fleuve Torneå étoit de beaucoup plus petite que la bafe PQ, que nous avons fuppofé précédemment, & que cependant on la regardoit comme la plus grande qui eût jamais été mefurée. Au refte, comme ceci n'eft qu'une fuppofition, ainfi que tout le refte de l'ouvrage, on peut eftimer & réduire les diftances à ce que l'on veut. Ce qu'il y a de certain,

moins quatre angles droits fur le tout.

([i]) Les Obfervateurs du degré du Méridien au Cercle Polaire, trouverent que la fomme des angles horizontaux dans le contour de leur Heptagone ne différoit que d'une minute & 7 fecondes de plus à la fomme de 900 degrés ; encore attribuent-ils la caufe de cette différence à la courbure de la Terre. Précifion étonnante, qui ne provient certainement que de l'extrême bonté des Inftrumens & des foins que l'on s'eft donné pour ne laiffer rien à defirer dans une entreprife de cette importance.

([k]) Ce

tain, c'eſt que, dans les Opérations de ce genre, il faut les plus grandes baſes qu'il eſt poſſible, pour être ſujet à moins d'erreur, & qu'il eſt toujours plus ſûr de conclure du grand au petit que du petit au grand.

Des obstacles qui peuvent ſe rencontrer.

Je ne parle point des obſtacles qui peuvent ſe rencontrer dans la ſuite d'un tel ouvrage, comme des Clochers inacceſſibles, de la difficulté de dépouiller les montagnes de leurs arbres, pour y faire des ſignaux, des inſectes, des animaux dangereux, des Sauvages &c. je préſume que l'on n'a à combattre que les intempéries de l'air, auxquelles on eſt expoſé dans tous les climats du monde, & contre leſquelles on prend les meſures néceſſaires.

On rencontre des points de la vieille Carte dans les terres du Continent. Planche I.

Je ſuppoſe qu'en ſuivant les triangles, tels qu'ils ſont marqués dans la Planche I. on rencontre dans l'intérieur des terres, les points R, S, T, V, X, Y, Z, de la Carte des premieres poſſeſſions Angloiſes, dont il a été fait mention au commencement. Si ces points ſe trouvent dans un parfait rapport avec les triangles nouvellement levés, c'eſt une marque d'une extrême juſteſſe des deux parts. D'ailleurs les Opérations, tant en général qu'en particulier, ſont ſuſceptibles de pluſieurs ſortes de vérification; il ne faut que ſavoir choiſir les meilleures & plus ſimples.

Les

(k) Ce n'eſt point ici le cas de s'en tenir à un Graphomètre ordinaire de 7 ou 8 pouces de raïon, quelque bien diviſé & quelque parfait qu'on le ſuppoſe. C'eſt encore moins le cas de la Planchette & de la Bouſſole, celle-ci ſur tout étant ſujette à beaucoup de variations, & étant ordinairement trop petite; car qu'eſt-ce qu'une aiguille de 3 ou 4 pouces? Il ne fant qu'être affecté de la moindre préciſion pour en ſentir la raiſon, ſans qu'il ſoit

Les Inſtrumens les plus propres à cette ſorte d'ouvrage ſont de bons quarts de Cercle de deux ou trois pieds de rayon, qui vérifiés pluſieurs fois autour de l'horizon donnent toujours la ſomme de 4 angles droits, ou au moins fort approchant: (k) tels étoient ceux dont on s'eſt ſervi avec le plus grand ſuccès au Cercle Polaire.

Suppoſons enfin le terrain propoſé ici pour exemple, levé par autant de triangles qu'il en eſt marqué dans les Plans, & ſon étenduë déterminée par une ou pluſieurs baſes: il faut, après cela, y fixer un méridien, & déterminer la latitude & la longitude de quelques unes de ſes parties principales pour pouvoir s'orienter.

Maniere de trouver le méridien d'un lieu, avec la Bouſſole peu ſûre.

Peut être parviendroit-on à connoitre, à peu près, le méridien d'un lieu, par le moyen de l'aiguille aimantée, ſi ſa déclinaiſon étoit conſtamment uniforme partout; mais cette uniformité, même dans un même endroit, étant encore un problême à réſoudre, cette méthode, quoique paſſable dans des cas de peu de conſéquence, ne peut guères avoir lieu dans un ouvrage qui demande, je ne dis pas, une exactitude rigoureuſe, mais quelque exactitude.

Par l'ombre du Soleil qui n'eſt guere plus ſûre que la précédente.

Nos peres ſe ſont ſervis tout ſimplement d'une aiguille perpendiculaire ſur un Plan horizontal, en tra-

ſoit beſoin d'autres explications. Que quelcun vienne me dire qu'il fera avec la Planchette & la Bouſſole, ce que l'on fait avec un quart de Cercle de trois pieds de rayon, je lui répondrai, comme il m'eſt déjà arrivé; *faites-le.*

(k) Voyez à ce ſujet les Mémoires de *Caſſini* ſur la figure & la grandeur de la Terre; il y donne l'explication de pluſieurs Inſtrumens dont il s'eſt ſervi avec ſuccès.

(l) Voyez

traçant à l'entour des Cercles concentriques fort proches les uns des autres, de forte qu'une ligne menée du pied de l'aiguille jusqu'au point du dernier Cercle où l'ombre arrivoit, étoit censée la ligne méridienne: & à la rigueur, ce pouvoit l'être, si l'extrémité de l'ombre étoit plus distincte qu'elle ne l'est naturellement, même en supposant le tems le plus clair, le plus sérain, & le stile tout au plus de deux pieds de hauteur sur un Plan parfaitement horizontal. Enfin cette méthode, quoiqu'on en use avec beaucoup de précautions, & qu'elle soit très ancienne, est sujette à de fort grandes erreurs.

Par le moyen de la Planchette mouvante sur un pied.

On se servoit aussi autrefois pour fixer la méridienne d'un lieu, d'une Planchette mouvante sur son pied, & fenduë au milieu, de maniere que les rayons du Soleil passoient par la fente & aboutissoient au Plan horizontal d'une Table; sur laquelle la Planchette étoit ajustée perpendiculairement, cette table se mouvant du côté que l'on vouloit.

Un autre moyen étoit une attitude mouvante sur le Plan d'un Cercle qu'on tournoit le soir & le matin vers le Soleil, & pendant la nuit, vers quelque Etoile connuë: mais tous ces Instrumens, ainsi que plusieurs autres dont je ne fais pas ici mention, (ˡ) n'approchent ni de la bonté, ni de l'exactitude, de ceux dont on se sert aujourd'hui, & qui sont dans tous les Observatoires.

Le

(ˡ) Voyez à ce sujet la quatrieme Partie de la Géographie artificielle du Pere *Scherer* Jésuite. Il y donne la description de plusieurs Instrumens; il y explique les manieres de trouver la méridienne avec la Boussole, par l'om-

Maniere de fixer le méridien par rapport aux triangles marqués dans les Plans.

Planches I & II.

Le moyen le plus sûr, pour adapter le méridien aux triangles dont il est ici question, est de servir d'un Instrument pareil à celui dont on s'est servi pour la mesure du dégré du méridien au Cercle Polaire. Il consiste en une lunette de 15 pouces, mobile autour d'un axe horizontal, auquel elle est perpendiculaire. Indépendamment de cet Instrument, on a une Pendule réglée tous les jours par les hauteurs correspondentes du soleil, & un secteur, comme celui de Graham, avec lequel on observe quelque Etoile dont on a déjà les hauteurs, tandis qu'avec la Lunette du premier Instrument, on observe le passage du Soleil & l'heure du passage par les verticaux de quelques signaux, comme ici G ou D; l'Instrument étant placé précisément au centre du signal A. Que si, après des Observations réitérées plusieurs jours consécutifs, n'importe en quel tems, les plus écartées ne donnoient pas plus d'une minute de différence entr'elles, pour l'angle de 44 deg. 30 m. que forme la méridienne avec la ligne AD, & cet angle étant le milieu de toutes les observations, on s'en tiendroit à lui pour fixer le méridien qui passe par A, en faisant avec AD, l'angle de 44 deg. 30 m. d'où il s'ensuivroit, en même tems, le rapport de tous les autres angles & triangles avec ce méridien, comme il se voit dans les Planches,

Ensuite, si par d'autres Observations faites au point D, on trouvoit que la méridienne de ce point

l'ombre du Gnomon, par le Soleil pendant le jour & les Etoiles pendant la nuit: il y parle aussi avec assés de détail de plusieurs manieres différentes de déterminer les latitudes & les longitudes, tant sur mer que sur terre.

(m) Voyez

point fit avec la ligne DA, l'angle alterne de 44 deg. 30 m. les Opérations se trouveroient prouvées l'une par l'autre, quoique la preuve pût s'en faire de plusieurs autres manieres différentes, & dans les lieux les plus éloignés; par exemple, si la méridienne de Mont-Réal, ou d'un des Monts-Pélés, étoit la même, ou ne différoit que de peu de chose de celle qui résulteroit de la suite des triangles calculés depuis Quebec, ce seroit une marque de la justesse des méridiens de Quebec, de Mont-Réal, & des Monts-Pélés: après cela, pour les faire quadrer avec la suite des triangles, c'est l'affaire d'un calcul trigonométrique d'un bout à l'autre, dans lequel il est libre à chacun d'entrer ou de ne pas entrer. [m]

Des longitudes.

Ce n'est point assés de connoitre la méridienne de l'endroit où l'on est, d'où l'on part &c. il faut déterminer sa longitude, c'est à dire, à quelle distance on est du premier méridien.

Les longitudes sont des lignes circulaires imaginées autour de notre Globe, de maniere que, partant toutes de ses deux Poles, elles aboutissent perpendiculairement à l'Equateur. On les appelle *méridiens*, parceque le Soleil, en les traversant, en est vu à sa plus grande hauteur, & qu'il marque le midi sur toute leur longueur. Comme on peut imaginer un nombre infini de ces lignes circulaires, il peut y avoir par conséquent un nombre infini de méridiens.

Mais, parmi ces méridiens infinis, il falloit en fixer un premier, qui servit de règle aux Observateurs

[m] Voyez à ce sujet le livre de *Mr. Cassini* sur la figure & la grandeur de la Terre; voyez aussi celui de *Mr. de Maupertuis* sur le même sujet.

teurs pour tous les autres; ſans quoi chacun eut été en droit de faire le premier méridien où il eût voulu; ce qui n'auroit pas manqué de cauſer beaucoup de confuſion dans les Cartes: ainſi on eſt généralement convenu d'établir pour premier méridien, le Cercle de longitude qui paſſe par l'Isle de Fer, la derniere des Isles Canaries vers le Couchant. De là, comme chaque point de la terre eſt ſur un Cercle de longitude quelconque qui eſt ſon méridien, il réſulte que chaque point, ainſi que ſon méridien, eſt à une certaine diſtance du premier méridien: & cette diſtance ſe compte par les dégrés ordinaires du Cercle, en allant à la rencontre du Soleil: de maniere que tel lieu qui ne ſe trouve vers le Couchant qu'à un dégré du premier méridien, en eſt, ſuivant la maniere ordinaire de compter, à trois cent cinquante neuf dégrés. C'eſt ainſi que le méridien de l'Obſervatoire de Paris eſt à 20 deg. 30 m. du premier méridien, celui de Londres à . . . . celui de Munich à . . . .

L'Equateur eſt un Cercle autour de la Terre, dont tous les points ſont à une égale diſtance des Poles. De l'Equateur.

Les latitudes, ou paralleles, ſont des lignes imaginées autour du Globe, paralleles à l'Equateur, dont elles s'éloignent à meſure qu'elles approchent des Poles; ainſi l'on doit regarder l'Equateur comme le premier Cercle de latitude, ou le premier parallelle, d'où l'on compte tous les autres. Des latitudes.

L'arc du méridien pris depuis l'Equateur juſqu'au Pole eſt communément diviſé en 90 dégrés. On diviſe enſuite, ſi l'on veut, chaque dégré en parties de dégrés; & cette diviſion, ſoit générale, ſoit particuliere, va de l'Equateur, où elle commence, Diviſion d'un arc du méridien, pour marquer les latitudes.

mence, jusqu'au Pole où elle finit. Si de quelqu'un de ses points, on mene une ligne circulaire parallelle à l'Equateur, cette ligne marquera non seulement la latitude du point d'où elle aura été menée ; mais aussi celle de tous les autres points qui se trouvent compris dans la ligne ; & alors on comptera la latitude par dégrés & parties de dégrés, en disant : tel lieu ou tel Cercle est à 10, 20, ou 30 dégrés de latitude, à 10 deg. 20 m. 30 sec. &c. La suite nous fera voir la différence qu'il y a entre les dégrés de latitude & de longitude.

Manieres de connoitre les longitudes.

Connoissant les longitudes de Paris, de Londres, de Vienne, de Berlin &c. on connoitra celles de tel autre lieu que l'on voudra, comme de Quebec, dont il est ici question, en observant à Paris & à Quebec ; à Paris, à Londres, à Berlin, & à Quebec, quelques phénomènes qui puissent être vûs de tous les spectateurs en même tems.

On

(*) Le Pere *Scherer* rapporte dans la cinquiéme Partie de sa Géographie artificielle, que l'Académie des Sciences de Paris, voulant déterminer la longitude du méridien de son observatoire, envoya des Observateurs à l'Isle de Gorée, proche du Cap verd ; qu'on observa en même tems, dans cette Isle & à Paris, l'émersion des Satellites de Jupiter, sortans de l'ombre de cette Planète, & que les Observations, de part & d'autre, donnerent entr'elles une différence de 19 deg. 30 m. ainsi qu'il avoit déjà été observé plusieurs fois. Or l'Isle de Fer se trouvant à un dégré de l'Isle de Gorée sur le Couchant, il s'ensuivit que l'Académie fixa le méridien de Paris, à 20 deg. 30 m. *Wurtzelbauer*, célèbre Astronome, le met à 20 deg. 25 m. sur ce qu'il prétend que l'observation s'est faite, non à

l'Isle

Par les Satellites de Jupiter.

On s'eſt ſervi autrefois de l'émerſion des ſatellites de Jupiter pour déterminer la longitude de l'Obſervatoire de Paris. (ⁿ) Ne pourroit-on pas ſe ſervir du même phénomene, pour déterminer la longitude de Quebec? Connoiſſant par la théorie, le moment, pour chaque lieu, où les Satellites disparoiſſent, en entrant dans l'ombre de la Planete, & celui où ils reparoiſſent, en ſortant de cette ombre, on connoitroit par la différence des tems où ces apparitions & disparitions ſeroient apperçuës, la différence des lieux par rapport à leurs longitudes: & même, en cet exemple-ci, l'un ſerviroit de preuve à l'autre: car ſi la différence de Londres à Quebec, ſe trouvoit à la différence de Londres à Quebec, comme Paris eſt à Londres; ce ſeroit une déciſion de la juſteſſe des Opérations à Paris, à Quebec, & à Londres; mais, pour obſerver ces ſortes de phénomenes, il faut d'abord de bons Inſtrumens & de très bonnes lunettes d'approche. (°)

Si

l'Isle de Gorée, mais au Cap verd, qui avance de 5 m. vers le couchant: il y a ſans doute eu depuis d'autres Obſervations qui ont décidé la queſtion.

Mr. de Maupertuis dit, que pour déterminer la longitude de Torneâ, ils n'ont pû faire d'obſervation des Satellites de Jupiter, parceque cette Planete, dans le tems où ils l'auroient pû obſerver, ne s'élevoit pas aſſés ſur l'horizon, & étoit toujours plongée dans les vapeurs.

(°) Le célébre Newton a fait faire de ſi grands progrès à l'Optique, & il a tellement augmenté la force des lunettes d'approche, qu'un faut moins conſidérable que feroit cet art nous mettroit à portée d'obſerver commodément, même à la mer, non ſeulement les phénomenes des Satellites, mais auſſi quantité d'autres phénomenes propres à déterminer les longitudes.

(ᵖ) Mr.

Par des Eclipses de de Lune.

Si, pendant une Eclipse de Lune, on observoit en même tems, des endroits en question, avec de bons Instrumens, ses phases & ses apparences écliptiques, en marquant avec la plus grande précision possible, le tems des Observations, soit par la hauteur de quelque Etoile connuë, soit par celle de la Lune même, on parviendroit par là à connoitre la longitude des lieux où se feroient les Observations: par exemple, si l'on voyoit le commencement de l'Eclipse à Paris, à 10 heures précises du soir, & à Quebec à 2 heures 12 min. du matin ensuite, les progrès & la fin du phénomene à proportion de part & d'autre, la différence de 4 heures 12 min. pour le tems des Observations, donneroit 72 deg. pour la différence des longitudes: Or la longitude de Paris étant, selon la note précédente, à 20 deg. 30 m. en allant du premier méridien vers le Levant, la longitude de Quebec seroit à son Couchant de 51 deg. 30 m. & par la maniere ordinaire de compter, à 308 deg. 30 m. comme il se voit dans les Plans ci-joints, ainsi que dans les meilleures Cartes que nous ayons de ce Païs-là. *Mr. de Maupertuis* rapporte qu'on s'est servi d'une Eclipse horizontale de Lune, pour déterminer la longitude de Torneâ.

Par des Horloges uniformes.

Mais on n'auroit besoin, ni de hauteur d'aucune Etoile, ni de celle de la Lune, si l'on avoit des Horloges dont le mouvement se conservât dans une parfaite uniformité. Je suppose deux de ces Horloges parfaitement d'accord avec le Soleil, & dans

(p) *Mr. de Maupertuis* dit que nous avons de Newton une théorie de la lune qui répond si bien à ses mouvemens, qu'un Observateur habile peut en profiter, même à la mer, pour ne pas commettre, sur la longitude, des

montés tous les deux en même tems sur le méridien de Paris, l'un restant à Paris, l'autre transporté à Quebec: si le midi de Quebec se trouvoit avec l'Horloge, de 4 heures 12 minutes de différence, (les deux Horloges s'étant conservé dans une parfaite uniformité de mouvement,) il s'ensuivroit une différence de 72 minutes entre les deux méridiens de Paris & de Quebec, ce qui donneroit la longitude du dernier, à 308 deg. 30 m. Mais jusqu'ici l'on n'a point d'Horloges assez parfaits pour de telles observations, quoiqu'on soit parvenu en Angleterre à en construire de fort au dessus des Horloges ordinaires. Mr. *de Maupertuis* dit, qu'un nouveau dégré de perfection dans les Horloges, acheveroit la solution du problême.

Par des Eclipses d'Etoiles fixes.

L'immersion des étoiles du Zodiaque, lorsque la Lune nous les cache, & leur émersion, lorsqu'elle les laisse reparoître, pourroient aussi servir à déterminer les longitudes; mais il faudroit pour cela connoître assez exactement le mouvement de la Lune, pour fixer où & comment ces phénomènes doivent être apperçus. Selon nos plus habiles Géométres anciens, aucune théorie de la Lune n'a été jusqu'ici assez exacte pour en pouvoir faire cet usage; mais quelques uns de nos modernes ont été plus loin dans cette carriere que les anciens, puisqu'il s'est fait depuis peu maintes Observations d'éclipses d'Etoiles fixes par la Lune, pour déterminer la longitude de plusieurs lieux, entr'autres de Torneå. (f)

Con-

des erreurs qui surpassent un degré. Il ajoute qu'en combinant cette théorie avec de bonnes observations d'ailleurs, on se mettroit en état d'approcher encore plus près de la connoissance des longitudes, & par conséquent

Maniere de trouver les latitudes, particulierement celle de Quebec. Planche I & II.

Connoissant, de façon ou d'autre, la longitude de Quebec à 308 deg. 30 m. pour mettre le point A de son observatoire, à la place où il doit être, tant au Globe qu'aux Cartes générales & particulieres qui en dérivent, il faut connoitre sa latitude; ce qui se fera de quelqu'une des manieres suivantes.

La latitude de Quebec est le point d'un cercle qui coupe son méridien parallellement à l'Equateur. On la compte par dégrés & parties de dégrés depuis l'Equateur jusqu'à ce point, sur son propre méridien.

La hauteur du Pole à Quebec est un arc de son méridien pris entre son Horizon & le Pole.

La hauteur du Pole étant donnée, la latitude l'est aussi, comme la suite le fera voir.

Avec le Gnomon, pendant le solstice d'été.

Pour déterminer la latitude de Quebec par le moyen du Gnomon, il faut qu'il soit droit & perpendiculaire sur un plan parfaitement horizontal, qu'il n'ait pas plus de 3 pieds de hauteur, afin de pouvoir mieux distinguer l'extrémité de son ombre, qu'il soit divisé en autant de parties qu'il sera possible, de même que la ligne méridienne qui lui correspond sur le plan; car plus le nombre de ces parties sera grand, plus grande sera la justesse

d'en résoudre en quelque façon le probleme : car ne pourroit-on pas le tenir pour résolu, si l'on avoit les longitudes sur mer (ce qui est le plus difficile) aussi exactement qu'on y a les latitudes, c'est à dire, à un quart ou à un sixième de dégré près? Pour ce qui est de la latitude sur terre, on en est si près qu'on ne peut guères espérer d'en approcher davantage.

(1) Une ligne de trois pieds ne peut guères être divisée

justesse de l'opération, surtout si l'on observe, comme on le doit, qu'elles soient toutes dans un parfait rapport entr'elles. Supposons cette division, de 100000 parties pour trois pieds, [q] l'ombre droite du stile se trouvant à 43000 parties sur le Plan, [r] on trouvera l'angle que forme la perpendiculaire avec le rayon du Soleil, en cherchant dans les colonnes des tangentes 43000, qui correspond avec 23 deg. 16 m. ce qui est le complément de 66 deg. 44 m. pour la plus grande hauteur du Soleil pendant le solstice d'été.

Si de la hauteur — —	66 deg.	44 m.	0 sec.
on ôte pour le demi-diamètre apparent du Soleil — —	—	15	15
il restera pour la hauteur apparente du centre — —	66	28	45
Qu'on ajoute à cette hauteur, pour la parallaxe — — —	—	—	5
ce sera pour la véritable hauteur centrale — — —	66	28	50
Enfin, si de cette hauteur vraïe du centre du Soleil, on ôte pour sa plus grande déclinaison septentrionale — —	23	30	20

visée sensiblement en 100000 parties. Pour l'observer bien, il suffiroit qu'elle le fût en 1000, ce qui est déjà beaucoup : mais encore cela se pourroit-il, à l'aide de quelque verre qui grossit les objets. Ensuite pour le calcul, on se sert du nombre 100000, ce qui ne demande que d'ajouter deux o à 1000.

(r) C'est à dire à 430 quant à la division, mais à 43000 pour le calcul.

(s) Si

il reſtera pour la hauteur de l'Equateur (') —	42 deg.	58 m.	30 ſec.
et pour celle du Pole —	47	1	30

Avec le Gnomon pendant l'Equinoxe.

L'ombre ſe trouvant, lors de l'Equinoxe, à 106200, ſur le plan, on cherchera dans les colonnes des tangentes, 106200, que l'on trouvera correſpondre avec 46 deg. 44 m. dont le complément 43 deg. 16 m. marque la plus grande hauteur du Soleil, pendant l'Equinoxe.

Si de la hauteur — —	43 deg.	16 m.	0 ſec.
on ôte pour le demi-diametre apparent du Soleil —	—	15	15
il reſtera pour la hauteur apparente du centre — —	43	0	45
Qu'on en ôte, pour la Réfraction	—	—	8
il reſtera — —	43	0	37
A quoi ſi l'on ajoute pour la Parallaxe — —	—	—	12
ce ſera pour la hauteur vraïe du centre — —	43	0	49
dont ſi l'on ôte pour la déclinaiſon — —	—	—	47
il reſtera pour la hauteur de l'Equateur — —	43	0	2
et pour celle du Pole —	46	59	58

Que le 20 du mois d'Août, par exemple, l'ombre du Gnomon ſoit à 68800 parties correſpondantes à 34 dégrés 32 minutes, le complément 55 degrés 28 minutes, marquera ce jour-là,

(') Si l'obſervation ſe faiſoit pendant le ſolſtice d'hyver, au lieu de ſouſtraire ces 23 deg. 30 m. 20 ſec. il faudroit

là, la hauteur méridienne du Soleil à son limbe le plus élevé.

	deg.	m.	sec.
Que de cette hauteur —	55	28	0
on ôte pour le demi-diametre apparent du Soleil —	—	15	27
il restera pour la hauteur du centre	55	12	33
A quoi si l'on ajoute, pour la parallaxe — —	—	—	8
il y aura pour la hauteur vraïe du centre — —	55	12	41
dont si l'on ôte, pour la déclinaison — —	22	13	8
il restera pour la hauteur de l'Equateur — —	42	59	33
et pour la hauteur du Pole	47	0	27

Qu'il vaut mieux chercher les hauteurs du Soleil avec de bons Instrumens.

Les différentes hauteurs de Soleil que je viens de supposer connuës par l'ombre du Gnomon, pourroient se trouver beaucoup mieux, en quelque tems que ce soit, par le moyen de bons Instrumens faits exprès pour cela; par exemple, avec l'Instrument dont j'ai parlé à la page 23, on pourra observer à Quebec, le passage du Soleil par le centre de la lunette & le moment de ce passage, ce qui donneroit sa hauteur méridienne: mais pour cela il faudroit avoir une extrème attention à ce que la lunette se mût dans le plan du méridien, ce dont il seroit aisé de s'assurer, par le moyen de quelqu'objet placé dans la méridienne à une certaine distance; & ce qui serviroit aussi à l'y rétablir, s'il venoit à lui arriver quelque dérangement. (*)

droit au contraire les y ajouter.

(*) C'est avec des quarts de-cercle de 2 & 3 pieds de rayon

Au reſte, que les hauteurs ſolaires inſérées dans les exemples précédens, ſoient le réſultat d'obſervations faites avec des Inſtrumens quelconques, par l'ombre du Gnomon, ou de telle autre maniere que ce puiſſe être, elles donneront toujours à peu de choſe près, 47 deg. pour la hauteur du Pole à Quebec, dont la latitude, ſera auſſi par conſéquent à 47 deg. comme elle ſe trouve dans les meilleures Cartes que nous ayons; mais, dans des cas pareils, je préférerois toûjours de faire les Obſervations au ſolſtice d'été, puiſque le Soleil étant alors à ſa plus grande hauteur, il y auroit beaucoup moins de réfraction. Les Obſervations, hors du tems des ſolſtices & des équinoxes, ſeroient de toute maniere les moins faciles & les plus douteuſes, puiſque, pour le lieu du Soleil, au jour donné, il faudroit avoir recours aux Ephémérides qui ſont encore un ſujet de conteſtation parmi les Aſtronomes, quoiqu'on y ait beaucoup travaillé, & qu'on y travaille encore tous les jours avec ſuccès. Outre cela la différence des méridiens & la réduction d'un lieu à l'autre, ſeroient encore des ſources de difficultés qui rendroient les Opérations moins ſûres.

Il eſt à obſerver que les ſolſtices & les équinoxes n'arrivent pas toujours à midi précis, mais ſouvent quelques heures avant ou après; d'où vient [illegible] que,

rayon, auxquels étoit ſans doute adaptée la lunette de 15 pouces, que les Obſervateurs du dégré du méridien au Nord ont pris les hauteurs méridiennes du bord ſupérieur du Soleil, à l'extrémité de leur ligne méridienne déjà établie, & qu'ils les ont vérifié par le renverſement de leurs inſtrumens. Voyez *Mr. de Maupertuis* dans ſon livre de la figure de la terre.

(*) *Ta-*

que, par rapport à l'équinoxe d'Automne, pour autant d'heures avant midi, il faut ajouter autant de minutes à la hauteur trouvée du Soleil; pour autant d'heures après midi, il faut en soustraire autant de minutes; & tout au contraire, par rapport à l'équinoxe du Printems.

Qu'avec les meilleurs Instrumens propres à ces choses-là, on observe au zénith de l'Observatoire de Quebec, la plus grande hauteur de l'Etoile Polaire pour cette année-ci 1762, & que cette hauteur se trouve à 48 dégrés 42 minutes, on verra dans la Table notée ci-dessous (*) de combien l'Etoile est distante du Pole cette année, c'est à dire, à peu près de deux degrés: que dans cette même Table on prenne l'accès annuel de l'Etoile au Pole, à peu près de 20 secondes, qu'on multiplie ces 20 secondes, par 62 de l'année prescrite, on aura 20 minutes & 40 secondes à soustraire de deux dégrés. Par l'Etoile Polaire.

Ainsi de — —	2 deg.	0 m.	0 sec.
ôtés — — —	—	20	40
il restera — —	1	39	20
Du nombre ci-devant —	48	42	0
ôtés, pour la réfraction	—	1	20
il restera — —	48	40	40

(*) *Table de la situation & du mouvement de l'Etoile Polaire, selon le Père Riccioli.*

Années.	Latitude Boreal.	Sig.	Longitude.	Declinaison.	Distance du Pole.	Accès annuel au Pole.
1572	66d. 2m.	II.	22d. 39m. 10 s.	86d. 59m. 45 s.	3d. 0m. 15 s.	0d. 0m. 19 s. 263.
1600	66 - 2 -	-	23 - 2 - 30 -	87 - 0 - 49 -	2 - 50 - 11 -	0 - 0 - 19 - 48
1700	66 - 2 -	-	24 - 25 - 50 -	87 - 42 - 49 -	2 - 17 - 11 -	0 - 0 - 19 - 48
1800	66 - 2 -	-	25 - 49 - 10 -	88 - 15 - 17 -	1 - 44 - 43 -	0 - 0 - 19 - 3
1900	66 - 2 -	-	27 - 12 - 30 -	88 - 47 - 0 -	1 - 13 - 0 -	0 - 0 - 17 - 45
2000	66 - 2 -	-	28 - 35 - 50 -	89 - 16 - 0 -	- - 43 - 56 -	0 - 0 - 17 - 30

Desquels, si vous ôtés enfin	1	39	20
il restera pour la hauteur du Pole à Quebec —	47	1	20

Par une des Etoiles circompolaires.

Qu'on choisisse dans le quarré de la grande Ourse, l'Etoile *Dubbé* qui est la plus apparente & la plus haute de celles qui se meuvent autour du Pole, & par conséquent, la moins sujette aux réfractions ; qu'on observe avec un bon secteur,

sa plus grande hauteur méridienne — —	72 deg.	1 m.	0 sec.
et sa plus petite, à —	22	5	0
Que de la plus grande hauteur apparente — —	72	1	0
on ôte pour la réfraction	—	—	31
il restera pour la plus grande hauteur vraïe —	72	0	29
Que de la plus petite hauteur apparente — —	22	5	0
on ôte pour la réfraction	—	3	56
il restera pour la plus petite hauteur vraïe —	22	1	4
De la plus grande hauteur rectifiée — —	72	0	29
ôtez la plus petite aussi rectifiée	22	1	4
il restera — —	49	59	25
dont la moitié est —	24	59	42
Enfin de la plus grande hauteur rectifiée — —	72	0	29
ôtez la moitié ci-dessus —	24	59	42
il restera pour la hauteur du Pole — —	47	0	46

Pour

Pour déterminer la hauteur du Pole à Paris & à Torneå, on s'est servi d'*Arcturus*, de l'*Etoile Polaire*, & de *Venus inoccidue*. Enfin il en est mille autres dont on peut se servir également: quoique tout ceci regarde plûtot l'Astronome que le Géographe, cependant puisque je suis entré dans cette matiere, j'espère qu'on ne me blâmera point d'avoir rapporté quelques Opérations des plus ordinaires, pour servir d'exemples; c'est à ceux qui voudront aller plus loin sur cette carriere à consulter les Auteurs qui en font leur principal objet.

Maniere de marquer les latitudes & les longitudes dans les Cartes.

La latitude de Quebec fixée par les opérations précédentes, ou autres, à 47 dégrés, & sa longitude à 308 deg. 30 m; il s'agit de les marquer l'une & l'autre, dans les Cartes dont il est ici question, à peu près de la maniere suivante.

Planche I & II.

Après avoir tracé le méridien, comme il se voit, du 308 deg. 30 m. au 308 deg. 30 m. en passant par le point de Quebec A. où il a été observé, on le coupera à ce même point A, par une ligne parallelle à l'Equateur, qui, aboutissant aux bords de la Carte, désignera d'un bout à l'autre la latitude de 47 dégrés; mais, pour faire ce parallelle, comme il convient, il faut le tracer en arc de cercle qui ait le Pole pour centre, afin d'avoir au moins les points qui marquent le 47 degré aux bords de la Carte, suivant la courbure de la ligne sur laquelle ils se trouvent par rapport à la convéxité du Globe, Pour cet effet, l'on prolonge la méridienne depuis le 47. jusqu'au 90. degré, l'on prend avec un Compas ou autrement, la distance de 43 dégrés dont la méridienne est prolongée, & l'on trace du point de 90. qui est celui du Pole, comme centre, l'arc que fait la courbe en question. On peut faire la même chose non seulement à chaque,

 degré,

degré, comme il se voit en la Planche I. mais à chaque partie de degrés. Quoiqu'il y ait de la différence entre une Courbe tracée sur un Globe & une Courbe tracée sur une surface plane, ceci est cependant le moyen d'approcher du vrai le plus qu'il est possible.

On marquera les dégrés de latitude, le long du méridien déjà tracé, à raison de 15 milles d'Allemagne pour chacun, ce qui les rendra tous égaux entr'eux, & à peu près de même grandeur que ceux de l'Equateur; je dis à peu près, parceque je ne regarde pas la Terre comme parfaitement sphérique, mais que je la considére comme applatie vers les Poles, selon les observations les plus authentiques que nous en ayons: ainsi, selon ces mêmes observations, les cercles méridiens ne sont pas si grands que le parallelle de l'Equateur, le diamètre de celui-ci étant aux autres selon Huygens comme 578 à 577. & selon Newton comme 230 à 229. Mais comme cela est en quelque façon étranger à notre sujet, nous n'y aurons point d'égard.

En allant de degré en degré, du point A jusqu'au bord supérieur de la Carte qui désigne le Nord, ou viendra jusqu'au 50 dégré, & au bord inférieur qui marque le midi jusqu'au 23; ce qui fera la Carte de 7 dégrés de hauteur. Si, de chaque terme, on méne des lignes parallelles à l'Equateur, ces lignes marqueront les degrés 43, 44, 45, 46, 47, 48, 49, 50. Qu'on subdivise ensuite chaque degré, on verra à quel degré & à quelle partie de dégré sont, en latitude, les lieux qui se trouvent sous les parallelles; même il n'est pas nécessaire pour cela que les lignes soient tirées sur la Carte, comme elles le sont en la Planche I. mais il il suffit qu'elles soient marquées & numérotées aux bords, comme il se voit dans beaucoup de Cartes générales & particulieres.

Pour marquer les degrés de longitude sur les parallelles, on doit avoir égard à ce que les distances entre les méridiens, (la 1 de ces distances étant à l'Equateur de 15 milles d'Allemagne,) vont toujours en diminuant vers le Pole jusqu'à 0; c'est pourquoi la Table ci-après a été calculée, pour trouver d'abord leur différence. Voici la formule suivant laquelle le calcul s'en est fait.

Comme le sinus total 100000 est au sinus du complément de 45 dégrés, ainsi 60 minutes, valeur d'un degré, est à 42 minutes, 24 secondes, pour la distance d'un méridien à l'autre au 45 degré de latitude; ceci supposant la distance entre les méridiens, à l'Equateur, d'un degré.

Distances exprimées en milles d'Allemagne & en lieuës de France.

Mais pour exprimer les distances en milles d'Allemagne, ou en lieuës de France, comme elles le sont dans les tables ci-jointes; au lieu de 60 minutes, pour troisième terme de l'analogie, on prendra 15 milles d'Allemagne, ou 25 lieuës de France. Qu'on se serve des compléments de parties de degrés, les opérations se feront de même qu'en se servant de degrés entiers. C'est de là que j'ai calculé les colonnes pour les lieuës de France, & que j'ai fait quelques corrections à celles des milles d'Allemagne. Quelcun me dira peut-être que ceci regardant des possessions Angloises, j'aurois dû me servir des lieuës marines d'Angleterre & de France; mais je répondrai là-dessus, que tout cet ouvrage n'étant qu'une supposition d'un bout à l'autre, & étant moi-même en Allemagne, il est naturel que je donne la préférence aux mesures d'Allemagne.

Cher-

Cherchant donc dans la Table le 43 degré de latitude, je trouve qu'il correſpond avec 43 min. 52 ſec. = 10 milles $\frac{50}{60}$ pour le degré de longitude à cette hauteur. Si les milles ſont exprimés en verges & parties de verges ſur une Echelle exacte, je prens ſur cette Echelle avec un compas, la moitié de la diſtance, & je la porte à droite & à gauche de l'extrémité du méridien, ſur la ligne qui borde la partie inférieure de la Carte, pour avoir les points du 308 & du 309 dégrés. Continuant enſuite à marquer cette demie diſtance, tout le long de la ligne, autant de fois qu'elle peut y aller, toujours avec la même ouverture de compas, j'ai par ce moyen les dégrés & demi-dégrés fixés au bas de la Carte. Que ſi après cela, on veut les ſubdiviſer, il eſt évident que la choſe ne ſouffrira point de difficultés.

Pour les marquer tout de ſuite au haut de la Carte, on cherchera dans la Table le 50 degré de latitude. Trouvant qu'il correſpond avec 38 minutes 14 ſecondes = 9 milles $\frac{38}{60}$, on prendra ſur l'Echelle la moitié de cette diſtance, & on la portera à droite & à gauche de l'extrémité du méridien, ſur la ligne qui borde la Carte par en haut, autant de fois qu'elle pourra y aller; ce qui donnera les degrés & demi-degrés de longitude au bord ſupérieur: faiſant la même choſe au 44, au 45, au 46 degré, on aura pour tracer chaque méridienne, enſuite de la premiere, (car la méridienne de Quebec eſt ici cenſée la premiere,) une ſuite de points qui ſerviront à lui donner à peu près la courbure qu'elle doit avoir; en un mot, telle qu'on la voit dans les meilleures Cartes générales que nous ayons.

TABLE

TABLE

Des distances des méridiens entre eux depuis l'Equateur jusqu'au Pole.

	Distances en min. & sec.		Distances en milles d'Allem.		Distances en lieuës de France.	
0 deg.	60 min.	0 sec	15 milles	0 60	25 lieuës	0 60
1	59	59	14	59	24	59
2	59	57	14	58 ½	24	58 ½
3	59	55	14	58	24	58
4	51	51	24	57	24	56
5	59	46	14	56	24	54
6	59	40	14	55	24	51
7	59	53	14	63	24	48
8	59	25	14	51	24	45
9	59	15	14	48	24	41
10	59	5	14	46	24	37
11	58	54	14	43	24	32
12	58	41	14	40	24	27
13	58	28	14	36	24	21
14	58	13	14	33	24	15
15	57	57	14	29	24	9
16	57	40	14	25	24	2
17	57	23	14	11	24	54
18	57	4	14	16	24	47
19	56	44	14	11	23	58
20	56	23	14	6	23	30
21	56	1	14	0	23	20
22	55	58	13	54	23	11
23	55	14	13	48	23	1
24	54	49	13	42	22	50

	Distances en min. & second.		*Distances en milles d'Allem.*		*Distances en lieuës de France.*	
25 deg.	54 min.	23 sec.	13 milles	36 60	22 lieuës	39 60
26 —	53 —	56 —	13 —	29 —	22 —	28 —
27 —	53 —	28 —	13 —	22 —	22 —	16 —
28 —	52 —	58 —	13 —	15 —	22 —	4 —
29 —	52 —	28 —	13 —	7 —	21 —	52 —
30 —	51 —	58 —	12 —	59 —	21 —	39 —
31 —	51 —	26 —	12 —	41 —	21 —	26 —
32 —	50 —	53 —	12 —	43 —	21 —	12 —
33 —	50 —	19 —	12 —	35 —	20 —	58 —
34 —	49 —	44 —	12 —	26 —	20 —	44 —
35 —	49 —	8 —	12 —	17 —	20 —	29 —
36 —	48 —	32 —	12 —	8 —	20 —	13 —
37 —	47 —	55 —	11 —	59 —	19 —	58 —
38 —	47 —	16 —	11 —	49 —	19 —	42 —
39 —	46 —	38 —	11 —	39 —	19 —	26 —
40 —	45 —	57 —	11 —	29 —	19 —	9 —
41 —	45 —	17 —	11 —	19 —	18 —	32 —
42 —	44 —	35 —	11 —	9 —	18 —	35 —
43 —	43 —	52 —	10 —	57 —	18 —	17 —
44 —	43 —	10 —	10 —	47 —	17 —	59 —
45 —	42 —	24 —	10 —	36 —	17 —	41 —
46 —	41 —	40 —	10 —	25 —	17 —	22 —
47 —	40 —	45 —	10 —	14 —	17 —	3 —
48 —	40 —	8 —	10 —	2 —	16 —	44 —
49 —	39 —	21 —	9 —	50 —	16 —	24 —
50 —	38 —	14 —	9 —	38 —	16 —	4 —
51 —	37 —	45 —	9 —	26 —	15 —	44 —
52 —	36 —	56 —	9 —	14 —	15 —	23 —
53 —	36 —	6 —	9 —	2 —	15 —	2 —
54 —	35 —	16 —	8 —	49 —	14 —	42 —

	Diſtances en min. & ſecond.		*Diſtances en milles d'Allem.*		*Diſtances en lieuës de France.*	
55 deg.	34 min.	25 ſec.	8 milles	36 60	14 lieuës	20 60
56 —	33 —	33 —	8 —	23 —	10 —	59 —
57 —	32 —	40 —	8 —	10 —	13 —	37 —
58 —	31 —	47 —	7 —	57 —	13 —	15 —
59 —	30 —	54 —	7 —	44 —	12 —	52 —
60 —	30 —	0 —	7 —	30 —	12 —	30 —
61 —	29 —	5 —	7 —	16 —	12 —	7 —
62 —	28 —	10 —	7 —	2 —	11 —	44 —
63 —	27 —	14 —	6 —	48 —	11 —	21 —
64 —	26 —	16 —	6 —	34 —	10 —	57 —
65 —	25 —	2 —	6 —	20 —	10 —	34 —
66 —	24 —	24 —	6 —	6 —	10 —	10 —
67 —	23 —	29 —	5 —	52 —	9 —	46 —
68 —	22 —	30 —	5 —	28 —	9 —	22 —
69 —	21 —	32 —	5 —	23 —	8 —	57 —
70 —	20 —	32 —	5 —	8 —	8 —	43 —
71 —	19 —	32 —	4 —	53 —	8 —	14 —
72 —	18 —	32 —	4 —	38 —	7 —	43 —
73 —	17 —	32 —	4 —	23 —	7 —	18 —
74 —	16 —	32 —	4 —	8 —	6 —	53 —
75 —	15 —	32 —	3 —	53 —	6 —	28 —
76 —	14 —	31 —	3 —	38 —	6 —	3 —
77 —	13 —	30 —	3 —	23 —	5 —	37 —
78 —	12 —	30 —	3 —	8 —	5 —	12 —
79 —	11 —	28 —	2 —	52 —	4 —	46 —
80 —	10 —	24 —	2 —	36 —	3 —	20 —
81 —	9 —	22 —	2 —	20 —	3 —	55 —
82 —	8 —	21 —	2 —	5 —	3 —	29 —
83 —	7 —	19 —	1 —	50 —	3 —	3 —
84 —	6 —	17 —	1 —	34 —	2 —	37 —

	Distances en min. & second.	Distances en milles d'Allem.	Distances en lieuës de France.
85 deg.	5 min. 15 sec.	1 milles 18 60	2 lieuës 11 60
86 —	4 — 12 —	1 — 3 —	1 — 45 —
87 —	3 — 9 —	0 — 47 —	1 — 18 —
—	— — —	— — —	— — —
88 —	2 — 6 —	0 — 31 —	0 — 52 —
89 —	1 — 4 —	0 — 16 —	0 — 26 —
90 —	0 — 0 —	0 — 0 —	0 — 0 —
—	— — —	— — —	— — —

Quelques considérations par raport aux lignes dans une Carte.

Sans entrer davantage en discussion au sujet des lignes qui marquent les longitudes & les latitudes, si elles doivent-être droites ou courbes, comme mon dessein n'est point de faire un Cours de Géographie; il suffit d'être prévenu qu'il est impossible de rapporter exactement les lignes d'une surface convexe, telle qu'elle qu'est celle de la Terre, sur la surface plane d'une Carte, mais que tout ce qu'on peut faire est de les rapprocher le plus qu'il est possible, en s'aidant prudemment des unes & des autres. Car, en ceci, il faut considérer, que toutes les lignes, soit méridiennes, soit parallelles, sont des cercles; que ces cercles se coupent les uns les autres à angles droits; que les quarrés qu'ils forment vont de l'Equateur au Pole en proportion de la convexité du Globe; d'où il résulte, que si l'on fait les méridiens en lignes courbes perpendiculaires sur les parallelles aussi en lignes courbes, les unes & les autres ne se rencontrent jamais justes, & si les lignes de part & d'autre sont droites & les autres courbes, elles ne quadreront jamais avec les propriétés de la sphére.

Or une Carte, quelque particuliere qu'elle soit, est censée réprésenter, & réprésente en effet, une partie du Globe; pour que la partie convienne & soit

ſoit en proportion avec ſon tout, elle doit, à la rigueur, être décrite & meſurée comme lui par des lignes courbes; mais comment courber une ſurface plane? Voilà l'état de la queſtion.

On fait d'ordinaire, dans une Carte, un méridien duquel dérivent tous les autres, & c'eſt le ſeul qui y puiſſe être en ligne droite: après cela ſi l'on tire avec la regle des lignes d'un point à un autre des bords de la Carte, ces lignes ne marqueront véritablement, ni les méridiens, ni les parallelles; mais c'eſt à notre imagination à leur prêter à peu près la courbure qu'elles doivent avoir, à moins que la Carte ne ſoit ſi petite qu'il ſoit inutile d'y avoir égard.

Si l'on fait tant que de tracer les méridiennes en lignes courbes, par des points rapportés ſur les parallelles, comme je l'ai dit plus haut, ces points peuvent-être ſi près les uns des autres qu'ils ſe touchent & forment eux mêmes la ligne qui, par conſéquent, ſera la plus juſte qu'il ſe puiſſe faire, mais en ce cas les parallelles ſe toucheront auſſi.

Il n'eſt pas néceſſaire d'avoir égard à la courbure des lignes dans des Cartes qui n'excédent pas 5 dégrés.

Planche I.

Il eſt bien vrai, que dans une Carte qui n'eſt que de 4 ou 5 degrés, il n'eſt pas abſolument néceſſaire d'avoir égard à ces choſes-là: mais ici où elle eſt de plus de 17 dégrés du Couchant au Levant, & d'environ 7 dégrés du Midi au Nord, il faut que tout y ſoit marqué le plus exactement qu'il eſt poſſible, ſur tout ſi l'on va jusqu'à y tracer les lignes, comme j'ai fait dans la premiere Carte, où les parallelles ſont en arcs de cercle, ayant le Pole pour centre, & les méridiennes ſelon la table ci-devant.

Raiſons des différentes ſuites de triangles dans les plans.

Planche I & II

Pour exprimer plus clairement les différentes ſuites de triangles dans les plans, j'en ai fait plusieurs, ſur les échelles de grandeurs différentes à proportion de leurs objets. Le premier plan marque la ſuite des premiers triangles, & ſert de canevas

nevas pour le 2 & le 3. Ainſi l'on peut voir, par la ſeconde ſuite marquée dans le ſecond & troiſieme plan, s'il y a eu quelques fautes dans la premiere, les Obſervateurs devant ſe communiquer de tems en tems là-deſſus leurs obſervations.

Je me ſuis borné à deux ſortes de triangles, quoiqu'il puiſſe & qu'il doive même y en avoir bien davantage, qui concourreroient tous à rendre l'ouvrage plus parfait. (*).

Je me ſuis auſſi borné dans la Planche II. à une partie du fleuve St. Laurent, depuis Mont-Réal jusqu'à Tadouſſac, où j'ai marqué ſur le terrain à droite & à gauche de ce fleuve, & en travers du fleuve même, quelques triangles de la premiere ſuite, mêlés avec ceux de la ſeconde; les premiers exprimés par des lignes fortes & nettes, les ſeconds ſeulement par des lignes ponctuées, comme il ſe voit aux plans.

Maniere de faire la ſeconde ſuite de triangles.

Quant aux Opérations de la ſeconde ſuite des triangles, par lesquels on entre déjà dans quelques détails de la ſituation du terrain, ſi on ne les a pas entrepris en même tems que celles de la premiere ſuite, on les reprendra de Quebec en remontant & en deſcendant le fleuve: pour cet effet je ſuppoſe que l'on a commencé à marquer ſur la méridienne de Quebec qui traverſe le fleuve, le point I. comme le plus propre à recevoir un ſignal qui puiſſe être vû de pluſieurs endroits différens.

Que du point f, ſur le bord du fleuve, des points g & k ſur les bords de la Riviere, dite de la Chaudiere, on puiſſe voir le ſignal I. que ce ſignal ſoit également vû du point G, enfin que de G on voye f; que de f on voye g, de p, k, de k,

(*) Les Obſervateurs du dégré du méridien ont eu la patience d'en calculer jusqu'à 12 ſuites.

k, I, c'est tout ce qu'il faut pour déterminer les triangles I G f, I f g, I g k, de la seconde suite, & conséquemment tous les autres.

Par ce que nous avons vû précédemment au sujet des triangles de la premiere suite, le triangle A G I se trouvera déterminé, non seulement par rapport à ses angles, mais aussi par rapport à ses côtés: car le côté A G étant déjà connu pour être de 20579 degrés 8 piés, l'angle A G I ayant été déterminé à 64 deg. 30 min. par la raison que I, se trouve sur l'allignement de G D; l'angle G A I étant de même déterminé à 28 deg. 30 min. il résultera de tout cela A I G de 87 deg. 0 min. & les moyens de faire connoitre les deux autres côtés A I, I G, par les analogies ordinaires: il ne sera pas même nécessaire d'une nouvelle base pour déterminer cette seconde suite. Mais, s'il se rencontre, chemin faisant, quelques côtés de triangles aisés à mesurer, cela ne peut manquer d'être d'un très grand avantage, & l'on verra par là clairement, s'il ne s'est point glissé d'erreur considérable dans l'une ou l'autre suite; car il y a beaucoup plus à se fier à des lignes bien mesurées qu'aux angles le plus exactement levés.

Les lignes I G, G f, f g, g k, k I, déterminées, tant par rapport aux angles qu'elles forment entr'elles que par raport à leurs grandeurs, elles deviennent dès lors autant de bases propres à déterminer les triangles f A G, g d k, & tous les autres ensuite, en quelque nombre qu'ils puissent être.

On entre dans les détails à mesure qu'on avance dans les suites des triangles.

Par le moyen des triangles liés l'un à l'autre, à peu près comme il se voit dans les plans, on décrit, à mesure que l'on avance, les situations qui se présentent à la vuë, tantôt en mesurant les distances, tantôt en se servant des ouvertures d'angles & des prolongements des lignes. C'est par

 là

là que l'on parviendra à connoitre, non seulement la largeur du fleuve de St. Laurent, mais aussi à marquer la figure de ses bords de l'un & de l'autre côté, la position respective de ses Isles, les élévations de terrein, les montagnes, les marais, les prairies, les forêts, les lacs, le cours des ruisseaux & des rivieres qui se trouvent aux environs, toutes les habitations, les villes, les bourgs & villages, comme *Belle chasse*, Beaumont &c. de ce côté-ci du fleuve, Silleri, Basticasse, Champlain &c. de l'autre côté. Enfin, tout se trouvera par ce moyen dans sa véritable position, les Caps & les embouchures des rivieres seront fixés où ils doivent-être; s'il y avoit des bois immenses qu'il fût impossible de percer, des lacs à perte de vuë, des chaînes de montagnes inaccessibles, on n'exige pas, dans une Carte générale, que tout y soit rapporté à une verge près; mais il suffit que, proportion gardée, leur étenduë & leur figure y soient marquées de maniere que l'oeil & l'imagination en soient satisfaits. On a coutume de réprésenter les montagnes dans les Cartes, partie en plan, partie en élévation, pour pouvoir les mieux distinguer, & afin que cela ne fasse point de confusion: pour la grandeur des bois, des forêts, des lacs, des étangs, & des marais, on marque sur leurs bords, autant de points que l'on juge à propos, & l'on se sert ensuite de ces points pour déterminer leurs figures & leur étenduë.

La seconde suite de triangles doit, ainsi que la premiere, se faire avec les meilleurs Instrumens possibles & avec l'exactitude la plus scrupuleuse: que si, après cela, on veut entrer dans les détails du terrein, on se sert de la Planchette & de la Boussole.

Si

Si les deux ſuites de triangles dont il eſt ici queſtion, ſe rencontrent avec les points de la Carte des anciennes peſſeſſions Angloiſes que nous avons mis au commencement pour fondement & baſe de cet ouvrage, c'eſt une marque que l'on a réuſſi dans ce que l'on a entrepris, quoiqu'on ne doive pas préſumer de pouvoir atteindre à une extrême préciſion dans ces choſes là; la Carte qui en approche le plus eſt ſans doute la meilleure, mais il n'y en eut jamais de parfaite.

Je me ſuis contenté de marquer à peu près les ſtations des Obſervateurs, & quelques triangles que ces ſtations forment entr'elles, laiſſant à ceux qui voudront s'exercer à réſoudre eux-mêmes les Problèmes & à entrer dans les détails des différentes ſituations qui peuvent ſe rencontrer. Je le répète encore; tout ceci n'eſt qu'une ſuppoſition d'un bout à l'autre, chacun la peut faire & l'entendre comme il lui plaira.

Je reviens encore une fois à la méridienne de Quebec tirée d'une extrémité de la Carte à l'autre. Veut-on ſavoir au juſte ſa grandeur, ainſi que celle de toute autre ligne droite que l'on voudroit mener au travers des triangles? On en fera les calculs à la maniere ordinaire; par exemple, pour déterminer la longueur de la méridienne depuis A jusqu'en L, on cherchera ſa diſtance de A en I, comme nous l'avons vû précédemment. Pour avoir enſuite celle de I en L, le côté I D étant connu, ainſi que l'angle L I D, puisque c'eſt l'angle au ſommet de G I A, il ne s'agit que de chercher un des deux angles I D L, ou I L D, (ce que nous ſuppoſons déjà fait à l'occaſion de la ſuite des triangles) pour avoir le troiſième, & par conſéquent le côté I L, qui joint à I A, donnera

Je reviens encore une fois à la méridienne.

Planche II.

nera la longueur demandée de la ligne AL. Faisant la même chose de l'autre côté, on aura exactement la longueur de la méridienne, & de même, celle de toute autre ligne que l'on voudroit faire passer au travers d'une suite quelconque de triangles. Il en résulte aussi que l'on aura par ce moyen dans la suite des triangles, les points par où cette ligne doit passer pour être droite. Quoique tout cela s'arrange dans une Carte, avec le transporteur, la régle, & le compas, cependant, si l'on veut savoir au juste les distances, ce n'est que par le calcul qu'on y peut parvenir.

J'ai commencé par la levée de grands triangles, peut être même un peu trop grands, eû égard au terrain effectif, mais dont pourtant la supposition ne doit pas choquer, si on la regarde entant que supposition, & par la raison qu'il est bien plus sûr de descendre du grand au petit, que de remonter du petit au grand.

Je ne vois point non plus d'inconvénient à ce que la suite des seconds, même des troisiemes & quatriemes triangles, se fasse en même tems que celle des premiers, & si je les ai séparé, ce n'a été que pour donner plus de clarté à l'ouvrage: il ne s'agit dans ces choses là, que d'avoir du monde, & de savoir l'employer. Le terrain proposé pour exemple est d'une étenduë très considérable: enfin il y a une infinité de chemins qui ménent au but que l'on se propose, il ne faut que savoir choisir les meilleurs, & surtout, observer le plus grand ordre possible dans la suite des Opérations.

Objet de cet ouvrage

Au reste j'avouë franchement que je n'ai eu d'abord pour objet dans cet ouvrage, que mon instruction particuliere; mais ayant jugé que cela pourroit servir en même tems à ceux, qui, n'ayant n'ayant pas le loisir ni les moyens d'étudier ces sortes de matières à fonds, veulent cependant savoir, lorsqu'ils ont une Carte à la main, quelles sont ses propriétés, & tout ce qu'il a fallu pour la mettre en l'état où elle est, j'espère qu'on me saura gré de l'avoir rendu public.

A BERLIN,

imprimé chez George Louïs Winter.

MDCCLXII.

www.ingramcontent.com/pod-product-compliance
Ingram Content Group UK Ltd.
Pitfield, Milton Keynes, MK11 3LW, UK
UKHW020415180726
13839UKWH00003B/1321